제 2 판

알기쉬운

반도체 제조공정

김 도 우 저

B.C.Info

Semiconductor Manufacturing Process

PREFACE

최근 반도체 기술은 나날이 발전하고 있으며, 대한민국 수출의 20%를 차지할 정도로 반도체는 한국경제의 중요한 위치를 차지하고 있다. 반세기 동안 이루어 놓은 반도체 기술은 세계 1위의 영광을 안겨주었고 이는 반도체 제조공정 기술이 선도적으로 이끌어 나갔다고 해도 과언이 아니다. 반도체 제조 기술은 그만큼 중요한 역할을 담당하고 있으며 이에 대한 학문적, 기술적 자료 및 첨단 기술 또한 방대하다. 이러한 자료 및 기술들은 반도체 공정 기술이 워낙 빠른 속도로 발전하고 진행됨에 따라 곳곳에 흩어져 있고, 정리되지 않아 실질적이고 실무적인 내용들의 교재가 필요하다.

이에 본 교재는 현장에서 사용되는 공정 기술에 대한 이해도를 높이고 단위공정을 활용하여 실제 CMOS 제조공정이 어떻게 이루어지는지에 대해 자세히 설명하였다. 또한 개념적으로 내용을 요약하고 실제로 꼭 필요한 내용들만을 엮어 교재로 제작하였다. 반도체 제조공정을 이해하려고 하는 초심자나 중간기술자들에게 효과적인 지침서가 되지 않을까 생각한다. 또한 대학에서는 한 학기 정도 강의하거나 학습하기에 적합한 정도의 내용과 난이도로 함축하여 정리하였다. 기본적인 개념 정리에서부터 응용 기술, 최신 기술에 이르기까지 이해하기 쉽게 작성하였다. 어려운 내용들과 가볍지만은 않은 용어들을 최대한 쉽게 쓰려고 노력하였다.

다만 반도체를 처음 접하는 학생이거나 초심자의 경우에는 처음부터 나오는 생소한 단어들과 영어들이 익숙지 않아 쉽게 접근하기 어려울 수도 있다. 하지만 차분하게 개념들을 이해하고 정리하다가 보면 어느덧 각 공정을 이해하고 CMOS 제조 기술에 대해서도 쉽게 알 수 있을 것으로 생각된다. 초보자에게는 반도체 제조공정에 대한 가이드가 되어 줄 것이며, 중급자에게는 틈틈이 찾아보고 이해하는 지침서로서 도움이 될 것이다.

제1장에서는 반도체의 이해 단원을 넣어 반도체 제조공정을 이해하기 위한 반도체 기본 개념들을 설명하였으며, 제2장과 3장에서는 웨이퍼의 제조공정 및 반도체 각 단위공정에 대해 자세히 설명하였다. 본서의 주요 내용으로 기본적인 내용뿐만 아니라 응용 기술까지 자세히 설명하였다. 또한 최신 기술 및 이슈 사항에 관해서도 기술하였다. 제4장은 각 단위공정의 이해를 통해 CMOS 제조공정을 이해할 수 있도록 제조공정

을 단계별로 자세히 설명하여 단위공정이 실제 제조공정에 어떻게 적용되는지를 설명하였다. 그리고 MOSFET에 대한 이해를 돕기 위한 설명을 덧붙였다. 제5장과 6장에서는 제조공정의 완료 후 제품의 특성을 테스트하는 Probe Test와 패키지 기술에 대한 후공정에 대하여 설명하였다. 마지막으로는 반도체 제조가 처음부터 끝까지 어떻게 이루어지는지에 대해 한눈에 알아볼 수 있도록 정리하고 설명하였다.

저자는 다년간 반도체 산업현장에서의 반도체 제조공정 및 소자 기술에 대한 경험과 대학에서 강의를 통해 반도체 제조공정에서 꼭 알아야 할 것들과 필요한 기술에 대해 잘 알고 있다. 이에 본 교재를 통하여 반도체 제조공정에 입문하려고 하는 많은 분의 궁금증이 해소되길 바라며 또한 반도체 설계, 소자, 공정, 장비, 패키지에 이르기까지 학습하고자 하는 분들에게 본서의 반도체 제조공정이 초석이 되어 많은 도움이 되길 바라마지 않는다.

2022년 10월
저자 씀

CONTENTS

CHAPTER 1 반도체의 이해

CHAPTER 2 웨이퍼 제조공정

CHAPTER 3 반도체 단위공정

CHAPTER 4 반도체 CMOS 제조공정

CHAPTER 5 Probe Test

CHAPTER 6 패키지 기술

CHAPTER 7 반도체 제조 한눈에 이해하기

CHAPTER 1

반도체의 이해

1 반도체란?

(1) 반도체란?

1) 반도체의 정의

반도체(Semiconductor)란 도체와 부도체의 중간적인 물질로서 불순물을 주입해 물질의 저항값 또는 도전율을 변화시키고, 빛이나 열에너지에 의해 일시적으로 전기전도성을 갖게 할 수 있는 물질을 말한다.

대표적인 반도체로서는 실리콘(Si), 게르마늄(Ge)이 있으며 화합물 반도체로서 갈륨비소(GaAs, Gallium Arsenide)나 인듐인(InP, Indium Phospide) 등을 사용하고 있다.

2) 반도체의 특징

반도체는 도체와 부도체에 대비 많은 장점이 있으며, 전기 전도도의 조절 용이성이 반도체의 가장 중요한 특징이라 할 수 있다. 반도체의 주요 특성은 다음과 같다.

① 반도체에 불순물의 양을 조절함에 따라 전도도 및 저항을 조절할 수 있다.
② 도체는 가열하면 저항이 커지지만, 반도체는 저항이 작아진다.
③ 반도체는 빛을 받으면 저항이 작아진다.
④ 교류 신호를 직류 신호로 바꿔주는 정류작용을 하기도 한다.
⑤ 반도체는 전기 신호를 증폭하기도 한다.

3) 반도체의 역할

① 정류 작용

정류 작용은 전류가 한쪽으로는 잘 흐르지만 반대 방향으로는 전류가 흐르지 않는 성질을 이용하는 것으로서 교류를 직류로 바꿔주는 역할을 한다. 정류 작용을 하는 반도체는 다이오드이다.

② 증폭 작용

전류 또는 전압을 증가시키는 작용으로 작은 신호를 큰 신호로 바꾸어주는 증폭 작용을 한다. 증폭 작용을 하는 반도체는 트랜지스터이다.

③ 저장 및 기억 장치
데이터를 저장하거나 기억하는 장치로써 사용된다. 컴퓨터나 핸드폰에 사용되는 메모리 반도체가 이에 해당된다.

④ 변환 및 전환
전기 신호를 빛이나 소리로 변환해주는 역할을 하며, 빛을 받아들여 전기 신호로 변환하기도 한다. 발광소자나 CIS(CMOS Image Sensor)가 이에 해당된다. 또한 아날로그 신호를 디지털 신호로 또는 그 반대로 전환하는 신호처리 역할을 하며 시스템 반도체가 그 역할을 한다.

⑤ 연산 및 제어 작용
마이크로프로세서는 연산 장치 및 제어 장치를 모아 하나의 칩으로 제조하여 기억 장치에 저장된 명령을 해석하고 실행하는 작용을 한다.

4) 반도체의 구성

일반적으로 반도체라고 하면 집적회로 산업, 집적회로 기술을 의미한다. 집적회로(IC, Integrated Circuit)란 트랜지스터, 커패시터, 저항, 다이오드, 배선 회로 등을 수억 분의 1로 소형화 및 고집적화시켜 전기적으로 동작하도록 한 미세 전자회로이다.

용도에 따라 메모리(Memory) 반도체와 시스템 LSI(Large Scaled Integrated Circuit)로 구분한다.

① 메모리 반도체는 DRAM, SRAM, 플래시 메모리 등으로 나누어진다.
② 시스템 LSI는 CPU, DSP(Digital Signal Processing) 칩, 통신용 칩, 아날로그 칩 등으로 나누어진다.

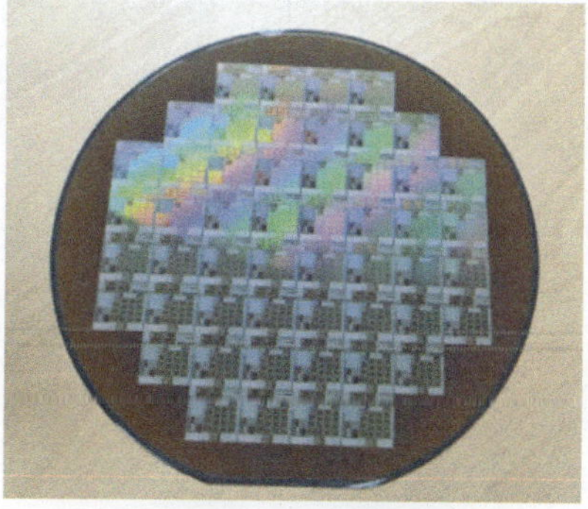

[그림 1.1] 웨이퍼

5) 집적회로 구성 물질

① 기판(Substrate)은 보통 Si(단결정 실리콘)을 소재로 하며 특정 응용 분야에서는 GaAs(갈륨 비소) 등 화합물 반도체를 재료로 사용한다. 이들 반도체 기판은 불순물 원자를 첨가함으로써 전도 특성을 조절하는데 Si 기판의 경우 인(P), 비소(As) 또는 붕소(B) 등을 첨가해 N형 반도체 및 P형 반도체를 형성한다.

② Poly Si(다결정 실리콘)은 트랜지스터의 게이트로 사용되는 반도체 물질이다. 게이트의 전압을 조절하여, 반도체 영역에서 흐르는 전류를 조절할 변화시킬 수 있다.

③ 절연막은 전기를 통하지 않게 하는 물질로서 주로 산화막(SiO_2), 질화막($Si_xO_yN_z$, Si_3N_4)을 사용한다. 소자 분리 및 층간 절연, 게이트 산화막, 보호막 등 형성 시 사용된다.

④ 금속 막은 주로 구리(Cu), 텅스텐(W), 티타늄(Ti), 알루미늄(Al), 코발트(Co) 등을 사용하며 배선 회로 연결 시 사용된다.

⑤ 에폭시 수지(EMC, Epoxy Molding Compound)는 반도체 제조공정이 완료 후 패키지 공정에서 사용되며 칩 내부를 보호하기 위해 사용되는 열경화성 수지이다.

2 실리콘(Si)의 구조

(1) 원자 구조

① 원자(Atom)는 핵(Nucleus)과 그 주변을 돌고 있는 전자(Electron)로 구성되어 있다. 원자의 핵은 양전하값을 가지는 양성자(Proton)와 중성인 중성자(Neutron)로 이루어져 있으며, 전자는 핵 주위를 궤도를 그리면서 회전하게 된다. 원자에서 양성자의 개수는 전자의 개수와 동일하기 때문에 원자는 전기적으로 중성이다. 궤도를 따라서 돌고 있는 전자들은 고유한 에너지 준위를 가지고 있으며 +의 핵과의 인력에 의해서 핵 주위의 공간에 분배되는데 첫 번째 궤도(K각)에 2개, 두 번째 궤도(L각)에 8개, 세 번째 궤도(M각)에 18개, 4번째 궤도(N각)에 32개가 들어갈 수가 있다. 이때 마지막 궤도에 있는 전자 수에 따라 몇 가 원소라고 부른다. 아래는 원자번호 5번 붕소의 원자 모형을 나타내었다.

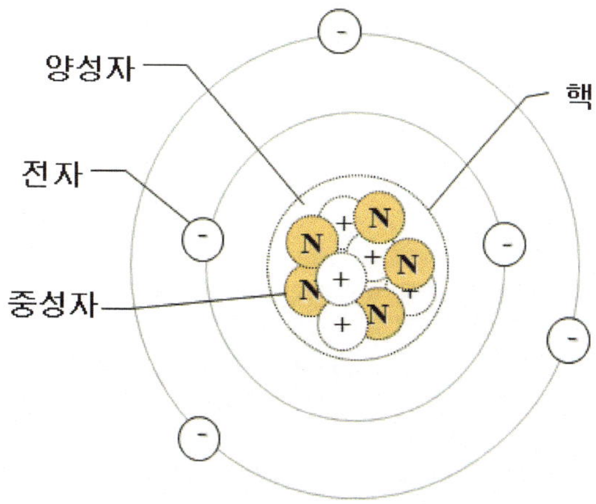

[그림 1.2] 원자 구조

② 원자번호는 전자의 개수와 같으며 최외각= n(K, L, M, …)으로 표시하며 이때 K각=1, L각=2, M각=3, … 으로 나타낸다. 아래 그림은 각각의 각이 가질 수 있는 최대 전자의 수를 나타내었다.

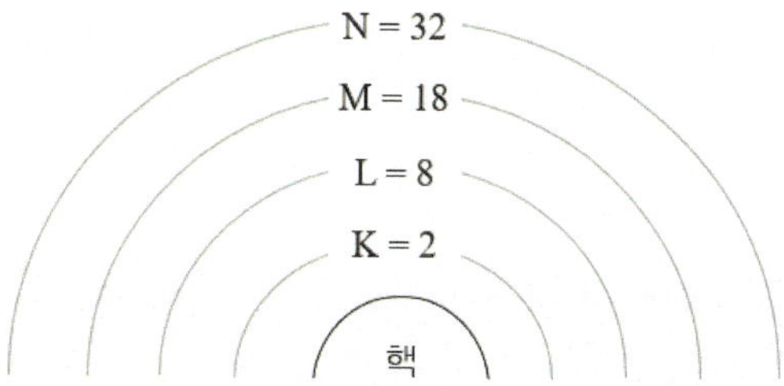

[그림 1.3] 원자 궤도의 최대 전자 수

③ 원자 구조에 있어서 외부의 빛(Light) 또는 전압(Bias)이 가해지면 원자핵에 구속되어 있던 전자는 궤도를 이탈하여 자유전자가 된다.

(2) 실리콘(Si)

1) 실리콘(Si) 원자 구조

① Si 원자번호는 14번이며, 원자번호는 전자의 개수와 같으므로 Si은 전자 14개를 가지고 있다. 이때 K각에 2개, L각에 8개, M각에 4개를 가지게 되는데 최외각 전자는 4개여서, 4가 원소라고 부른다.

② 같은 Si 원자들이 결합을 이루면 Si 최외각 전자 4개를 옆의 Si들과 공유하게 되는데 이를 공유결합이라고 하고 이를 통해 안정을 이루게 된다.

③ 이처럼 순수 Si 원자끼리 공유결합을 이루고 있는 것을 순수 반도체 또는 진성(Intrinsic) 반도체라고 한다.

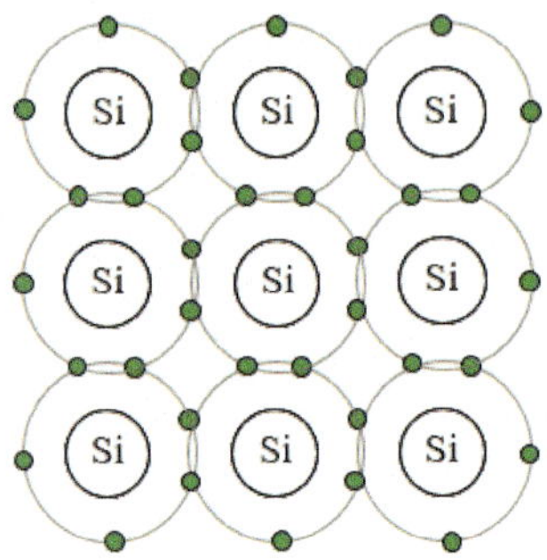

[그림 1.4] Si의 원자 구조

3 불순물 반도체

(1) 불순물 반도체

순수 반도체는 공유결합으로 전류에 기여하는 전자의 수가 적어 전류가 잘 흐르지 못하는데 불순물을 첨가하면 전류의 흐름을 좋게 할 수 있고 조절할 수 있게 된다. 이를 불순물 반도체라고 한다.

불순물 반도체는 N형 반도체와 P형 반도체로 구분되는데 불순물의 종류 및 양에 따라 전기전도도와 저항률은 달라진다. 이러한 목적으로 불순물을 확산이나 이온 주입하여 용도에 맞게 사용한다. 이때 사용하는 불순물을 도펀트(Dopant)라고 부른다.

1) N형 반도체

① 순수 반도체에 5가 원소인 인(P), 비소(As)를 첨가한 반도체를 N형 반도체라고 한다. 공유결합을 하는 Si 구조에 원자번호 15번, 최외각 전자 수가 5개인 인(P)을 첨가하면 Si 원자의 최외각 전자 4개와 결합을 하고 잉여 전자 1개가 남게 되는데, 잉여 전자 1개는 자유전자가 된다. 발생된 잉여 전자는 전류의 흐름에 기여해 반도체 내부에 전류를 잘 흐르게 하는

역할을 한다. 이를 캐리어라고 하며 전자에 의해 이 반도체는 음성을 띄어 N(Negative)형 반도체라고 부른다.

② N형 반도체를 만들기 위해 넣어준 인, 비소, 안티몬 등 5가 원소는 전자를 기증하였다는 의미에서 도우너(Donor)라고 부른다.

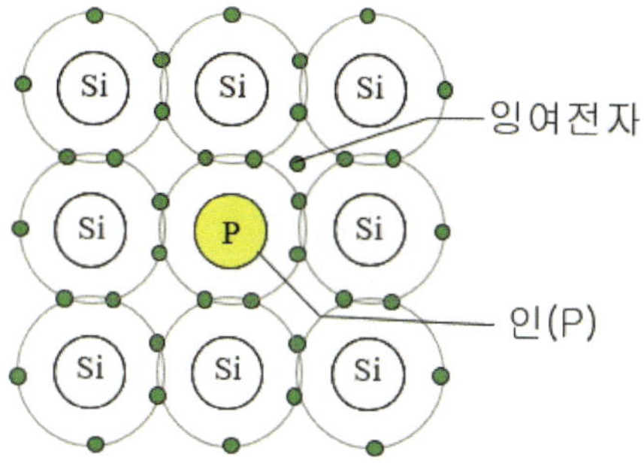

[그림 1.5] N형 반도체

2) P형 반도체

① 순수 반도체에 3가 원소인 붕소(B)를 첨가한 반도체를 P형 반도체라고 한다. 원자번호 5번이면서 최외각 전자 수가 3개인 붕소(B)를 Si에 첨가하면 Si 원자의 전자 최외각 3개와 결합을 하고 빈 공간 1개가 남게 되는데, 이는 한 개의 전자를 받아들일 수 있는 공간이 된다. 이를 정공(Hole)이라고 하는데 전자가 부족한 상태여서 이 불순물 반도체는 전기적으로 양성을 띄어 P(Positive)형 반도체라고 부른다.

② P형 반도체를 만들기 위해 넣어주는 3가 원소인 붕소(B), 알루미늄(Al), 갈륨(Ga), 인듐(In) 등 3가 원소는 정공 자리에 전자를 받아들일 수 있다는 의미에서 억셉터(Acceptor)라고 부른다.

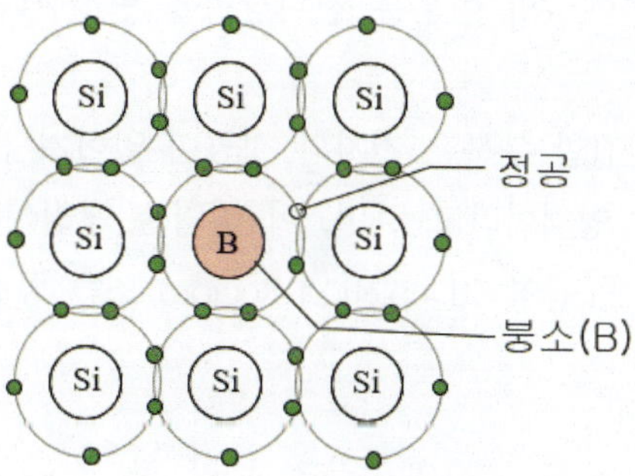

[그림 1.6] P형 반도체

4 PN 접합

(1) PN 접합의 구조

1) PN 접합의 형성

P형 반도체와 N형 반도체를 접합시킨 것을 PN 접합(PN Junction)이라고 한다. 반도체 결정 내에 한쪽 부분에 N형 불순물을 주입하고 다른 한쪽에는 P형 불순물을 주입하면 N형 반도체와 P형 반도체가 경계를 형성하는데 이를 PN 접합이라고 하며, 만들어진 소자를 PN 접합 다이오드라고 한다.

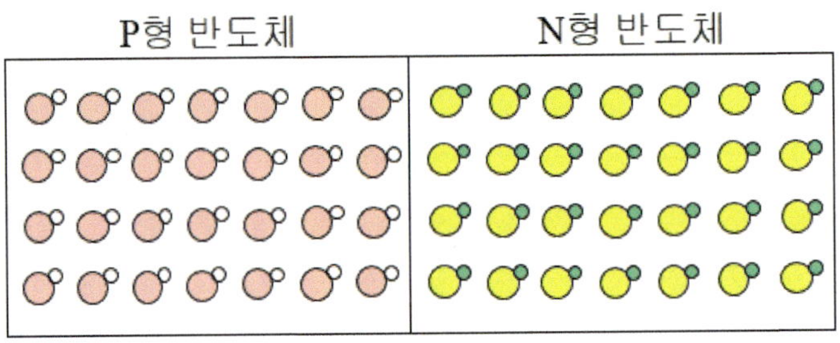

[그림 1.7] PN 접합

2) 공핍층의 형성

N형 반도체 쪽의 많은 전자는 확산에 의해 P형 반도체 쪽으로 넘어가 정공과 결합한다. 전기적으로 중성이던 N형의 5가 불순물은 전자를 내어주어 양이온이 되며, P형의 3가 불순물은 전자를 받아들여 음이온이 된다. 이들 이온은 공유결합에 의해 결정안에서 움직일 수 없으며, N형과 P형 반도체의 경계면에서의 이온은 전위장벽을 형성한다.

전자와 정공의 결합에 의해 접합 부분은 전자와 정공이 없어져 움직일 수 없는 이온만 남게 되는데 이 지역을 공간전하 영역이라고 하며, 이 영역은 캐리어(전자 또는 정공)의 농도가 매우 적기 때문에 이 영역을 공핍영역(Depletion Region) 또는 공핍층(Depletion Layer)이라고 한다.

공간 전하 영역의 전계로 인해 P형 및 N형 반도체 사이에 전위차가 발생하게 되는데 이를 접촉 전위차라고 하며 이로 인해 전위장벽(Potential Barrier)이 발생한다.

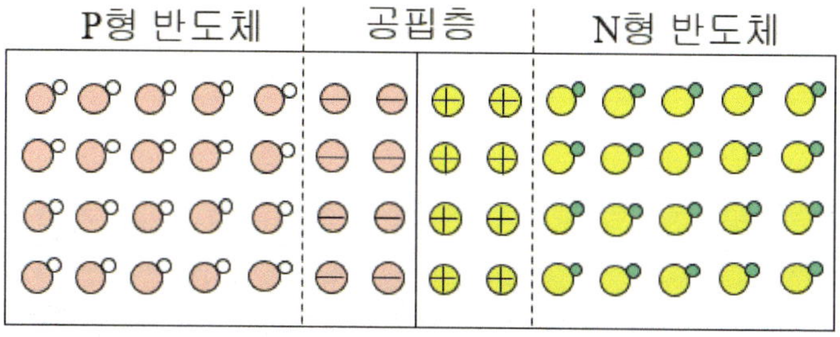

[그림 1.8] 공핍층의 형성

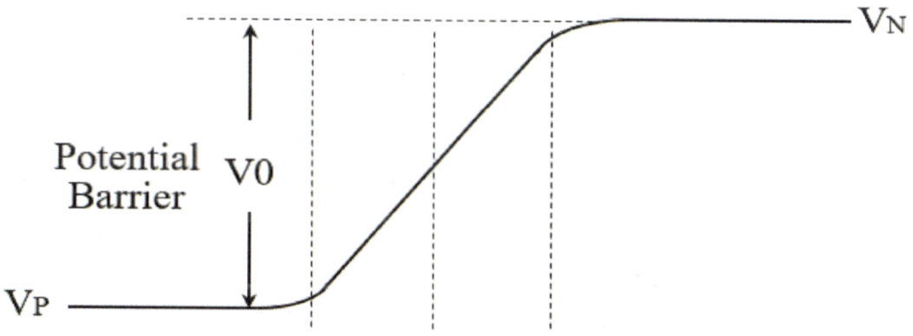

[그림 1.9] 접촉 전위차

3) Bias 효과

① 순방향 전압(Forward Bias)

P형 반도체 쪽에 (+)의 전압, N형 반도체 쪽에는 (-)의 전압을 걸어주면 P형의 정공은 N형 쪽으로 이동하고, N형 쪽의 전자는 P형 쪽으로 이동하게 되어 전류가 흐르게 되는데, 이때 걸어준 전압을 순방향 전압이라고 한다. 양단에 가해진 전압에 의해 공핍층의 폭은 줄어들고 전자는 이를 넘어 순방향 전류가 흐르게 된다. 이때 접촉 전위차는 V0−V만큼 낮아진다.

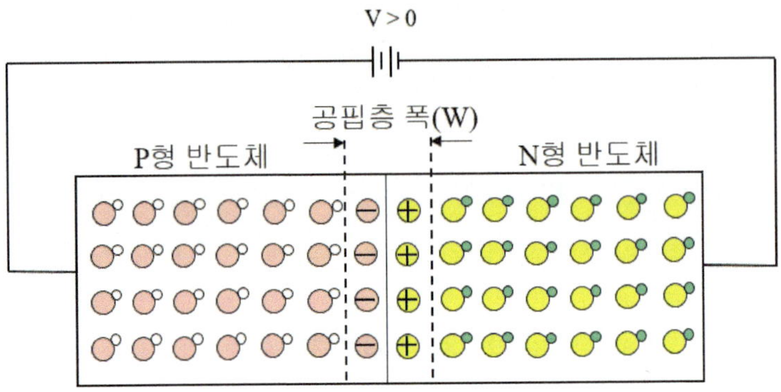

(a) 공핍층의 형성

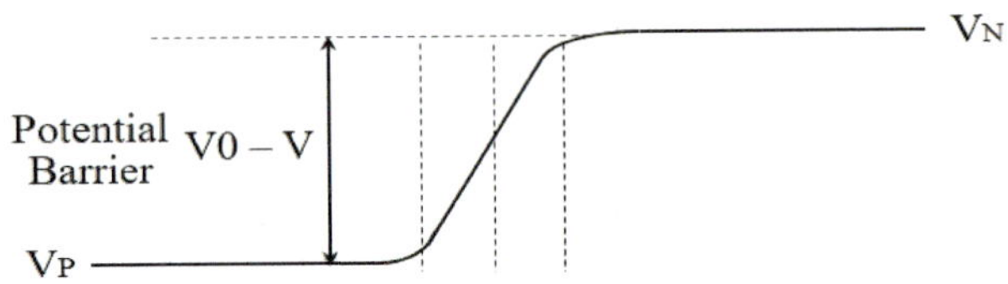

(b) 접촉 전위차

[그림 1.10] 순방향 바이어스

② 역방향 전압(Reverse Bias)

순방향 바이어스와는 반대로 P형 반도체 쪽에는 (-)의 전압, N형 반도체 쪽에는 (+)의 전압을 걸어주면 P형의 정공은 (-) 단자로 끌리게 되고, N형 쪽의 전자는 (+) 단자로 끌려서 접합면에 있는 전자 정공은 접합면으로부터 멀어지게 된다. 이때 P형 쪽의 억셉터 이온과 N형 쪽의 도우너 이온은 남게 되어 공간전하영역인 공핍층의 폭은 더욱 커지게 된다. 그러므로 전위장벽은 더욱 높게 되고 이로 인해 전류의 흐름은 중단된다. 이때 걸어준 전압을 역방향 전압이라고 한다. 역방향 전압에 의해 접촉 전위차는 V0+V만큼 높아진다.

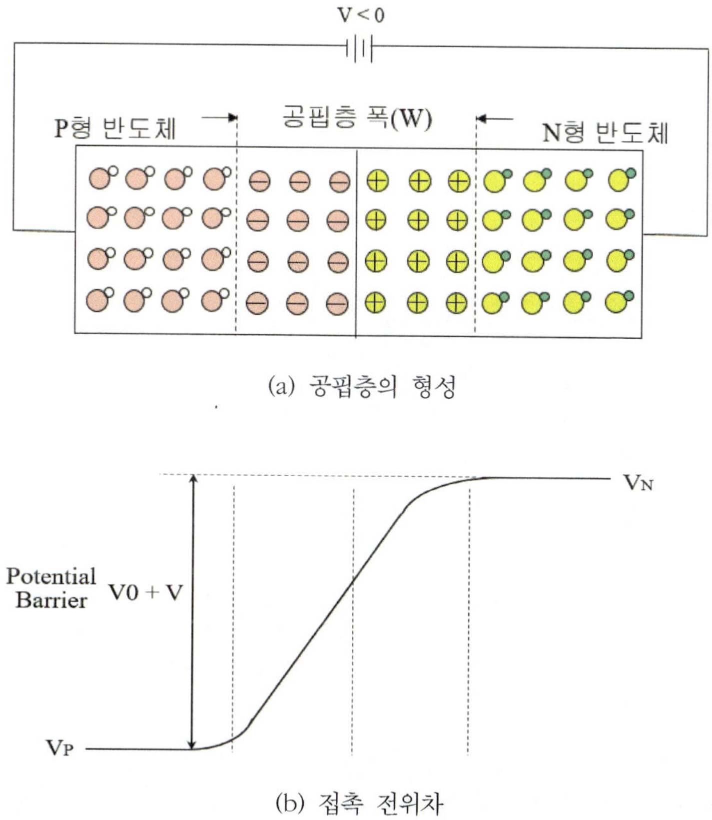

[그림 1.11] 역방향 바이어스

5 결정구조

(1) 결정

1) 결정

고체 물질은 내부 구조에 따라 결정체(Crystal)와 비정질(Amorphous)로 나누어지며, 결정체는 단결정과 다결정으로 구분된다.

단결정(Single Crystal)은 원자의 규칙적 배열이 고체 전체에 균일하게 이루어져 있는 경우를 말하며, 다이아몬드가 이에 해당한다. 다결정(Poly Crystal)은 부분적으로 결정을 이루지만 전체적으로는 균일한 결정이 아닌 경우를 말한다. 금속 대부분은 다결정이다. 비정질은 분자가 무작위로 배열되어 규칙적이지 않은 경우를 말하며 유리는 비정질 구조이다.

결정구조에서 격자(Lattice)는 결정을 이루고 있는 원자 또는 분자의 규칙적인 배열이며 이는 하나의 입체적인 단위 셀(Unit Cell)로 구성된다.

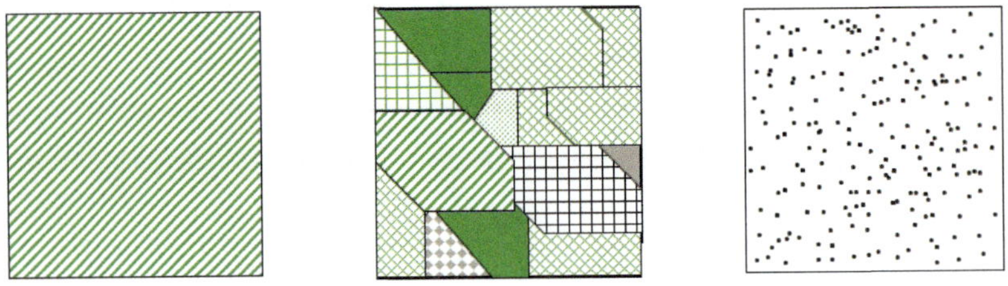

(a) 단결정 (b) 다결정 (c) 비정질

[그림 1.12] 결정의 구조

(2) 결정구조

1) 결정구조의 구분

현재 존재하는 결정은 내부 구조 및 형태에 따라 7종의 결정계로 구분할 수 있으며, 이는 격자점의 대칭성으로 총 14종의 결정구조로 나눈다. 7종의 결정계는 그 구조적 단위인 단위 셀에서 결정축의 3변의 길이(a, b, c)인 격자 상수값과 각 축과의 각(α, β, γ)에 의해 구분한다.

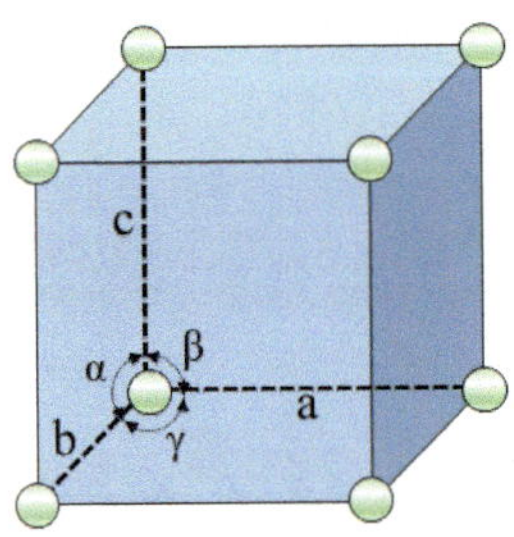

[그림 1.13] 단위셀

2) 반도체 물질의 결정 구조

반도체 물질로 사용되는 Si, Ge, GaAs 등의 결정은 입방(Cubic) 구조로 이루어져 있으며, 이때 X, Y, Z축은 모두 직각이며 길이가 같은 구조이다.

3) 입방 구조의 종류

입방 구조는 단순입방 구조(SC, Simple Cubic), 체심입방 구조(BCC, Body Centered Cubic), 면심입방 구조(FCC, Face Centered Cubic), Diamond 구조, Zincblende 구조로 나눌 수 있다.

① 단순입방 구조 : 입방체의 꼭짓점마다 원자가 있으며 이 구조를 기본으로 규칙적인 배열이 이루어진다.
② 체심입방 구조 : 입방체의 각 꼭짓점과 입방체 중심에 원자가 배열된 구조이다.
③ 면심입방 구조 : 입방체의 각 꼭짓점과 각 면의 중심에 원자가 배열된 구조이다.

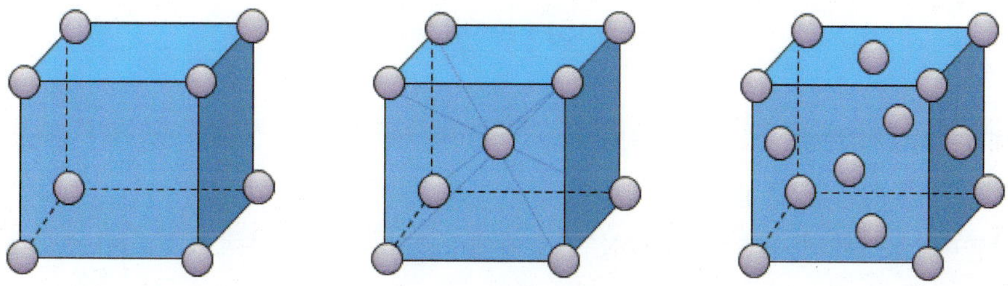

[그림 1.14] 입방 구조

④ Diamond 구조 : 면심입방격자 구조의 배열로 된 각 원자로부터 $\frac{a}{4}+\frac{b}{4}+\frac{c}{4}$인 위치에 별도로 원자가 더 있는 일종의 면심입방 격자구조이다. 이는 면심입방 구조 두 개를 겹칠 때, 하나의 구조는 다른 것과 x축, y축, z축으로 1/4씩 이동하여 겹친 형태의 구조이다. 아래의 그림은 다이아몬드 격자 구조를 나타내었으며 이를 4셀로 연결하여 위에서 본 구조를 나타내었다.
실리콘(Si)과 게르마늄(Ge)은 다이아몬드 구조를 이루고 있다.

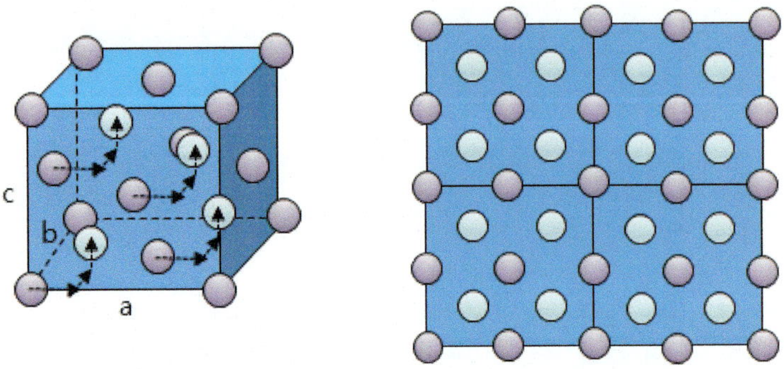

다이아몬드 구조　　　　위에서 본 모습

[그림 1.15] 다이아몬드 구조

⑤ Zincblende(섬아연광) 구조 : 다이아몬드 구조는 두 개의 면심입방 구조가 같은 원자로 이루어졌다면 섬아연광 구조는 두 종류의 원자로 된 두 개의 면심입방체를 결합한 구조이다. 갈륨비소(GaAs)를 포함한 화합물 반도체에서는 원자는 기본적인 다이아몬드 격자구조로 배열되어 있으나 구성 원자가 격자 위치에 교대로 자리를 잡은 섬아연광 구조이다.

(3) 밀러 지수(Miller Index)

1) 밀러 지수란?

밀러 지수는 결정의 특정한 면과 방향을 표시하는 방법으로, 격자 내의 평면의 위치나 벡터의 방향을 나타내기 위해 세 개의 정수로 표현하는 방법이다. 하나의 특정한 면을 기술하는 3개의 정수는 다음과 같이 하여 구할 수 있다.

① 면과 결정축과의 교차점을 구한다.
② 위에서 구해진 세 개의 정수값의 역수를 취한다.
③ 최소공배수를 곱한다.
④ 면(hkl)로 표시한다.

이때 구해진 세 개의 정수값(hkl)을 Miller 지수라고 한다.

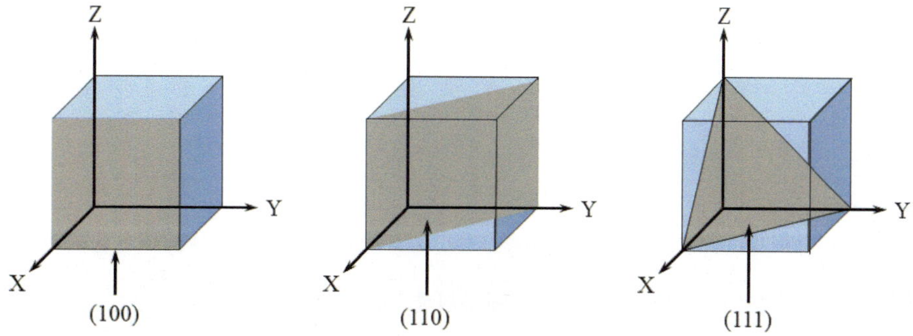

(a) (100)면 (b) (110)면 (c) (111)면

[그림 1.16] 밀러 지수

실리콘 웨이퍼의 제조 시 어떤 면과 방향으로 결정을 성장시키는가에 따라 (100) 또는 (111) 웨이퍼로 구분되며, 그 결정 방향에 따라 산화공정에서는 형성되는 산화막의 성장 속도가 달라진다.

학습문제 제1장 반도체의 이해

01 반도체란 무엇인가?

02 집적회로를 구성하는 물질에 대하여 설명하시오.

03 원자 번호 14인 Si 원자의 최외각 (M각) 전자는 몇 개인가?

① 2 ② 4

③ 8 ④ 10

04 실리콘의 원자 구조를 그리고 공유결합에 대하여 설명하시오.

05 N형 반도체와 P형 반도체에 대하여 설명하시오.

06 도우너와 억셉터에 대하여 설명하시오.

07 PN접합에서 역방향 전압에 의한 공핍층의 형성 및 접촉 전위차에 대하여 설명하시오.

08 다이아몬드 구조에 대한 입방 구조를 설명하고 그림을 그리시오.

09 (ㅁ ㄹ ㅈ ㅅ)는 결정의 특정한 면과 방향을 표시하는 방법으로, 격자 내의 평면의 위치나 벡터의 방향을 나타내기 위해 세 개의 정수로 표현하는 방법이다.

10 아래의 표시한 면을 밀러 지수(hkl)로 나타내시오.

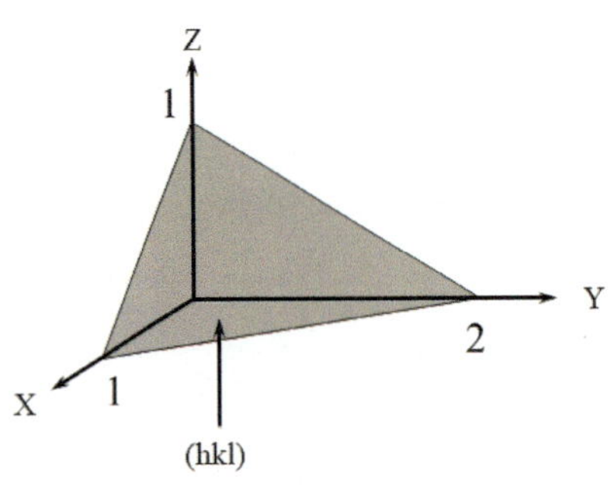

CHAPTER 2

웨이퍼 제조공정

1_단결정 성장
2_웨이퍼 가공 공정

1 단결정 성장

(1) 단결정 성장 방법

웨이퍼의 재료로 사용되는 실리콘은 주로 규석이나 규산염의 형태로 존재하는데, 규석을 코크(Coak or Coal)와 같은 환원제와 함께 전기로에 넣어서 용융 후에 화학 처리를 하면 분말 형태의 순도 99%의 실리콘이 정제된다. 분말 실리콘을 가스 형태로의 실리콘으로 바꿔 열처리하면 고순도 99.999999999%의 다결정 실리콘을 얻게 되는데, 웨이퍼로 사용되는 Si 기판은 단결정 실리콘이어야 하므로 물리적인 정제 방법을 통해 다결정 실리콘을 단결정 실리콘으로 변환시킨다.

1) 초크랄스키 방법(Czochralski Method)

용융된 실리콘 용액으로부터 단결정(Single Crystal) 실리콘을 성장시키는 방법을 말하며, 결정을 끌어올리면서 성장시켜 인상법이라고도 부른다. 현재 실리콘 웨이퍼 제조 방법으로 가장 널리 사용되고 있다. 다음은 초크랄스키 방법에 대한 공정 순서이다.

① 도가니 속에 다결정 실리콘 덩어리들을 넣고 가열하여 용융시킨다.
② 용융된 초고순도 실리콘 용융액에 단결정 씨결정(Seed Crystal)을 담근다.
③ 씨결정봉과 도가니는 서로 반대 방향으로 회전시킨다.
④ 씨결정봉을 천천히 끌어 올리면서 냉각시키면 씨결정과 동일한 단결정이 성장되어진다.

성장되어지는 원통 모양의 단결정 봉을 잉곳(Ingot)이라고 하며 잉곳의 모양과 성질은 회전봉의 회전속도, 인상 속도, 온도가 주요한 영향을 미친다. 잉곳이 형성되어질 때 잉곳 내부와 외부의 회전속도가 상대적으로 다르고 냉각 속도, 표면장력 등의 영향으로 결함이 없이 균일한 단결정을 성장시키는데 정밀한 제어가 필요하다.

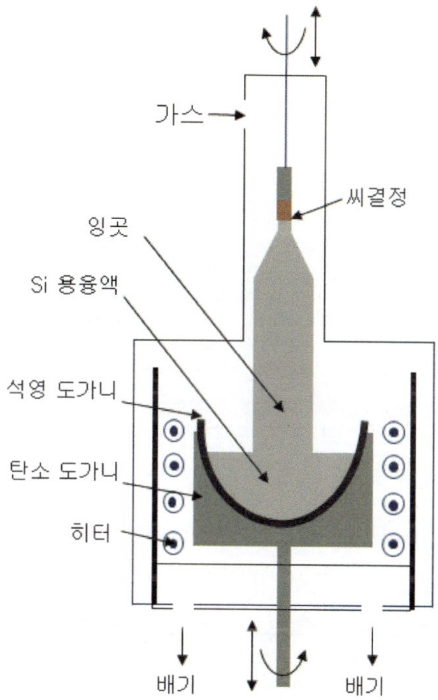

[그림 2.1] 초크랄스키 방법

2 웨이퍼 가공 공정

(1) 웨이퍼 가공 공정

1) 다결정 실리콘

규사(SiO_2)를 환원 반응을 이용하여 약 99% 순도의 실리콘을 얻은 후, 물리적 또는 증기 화학적 정제 방법을 이용하여 고순도 다결정 실리콘 덩어리를 얻는다.

2) 단결정 성장

초크랄스키(Czochralski) 방법에 의해 초고순도 폴리실리콘을 단결정 실리콘으로 만드는 공정이다. 단결정 덩어리인 잉곳은 지름의 크기에 따라 200[mm], 300[mm]로 구분된다. 200[mm] 실리콘 웨이퍼 이상의 단결정 잉곳 제조 시간은 48시간 이상 걸리기도 한다. 또 다른 단결정을 만드는 방법으로는 부유 대역(Floating Zone) 방법이 있다.

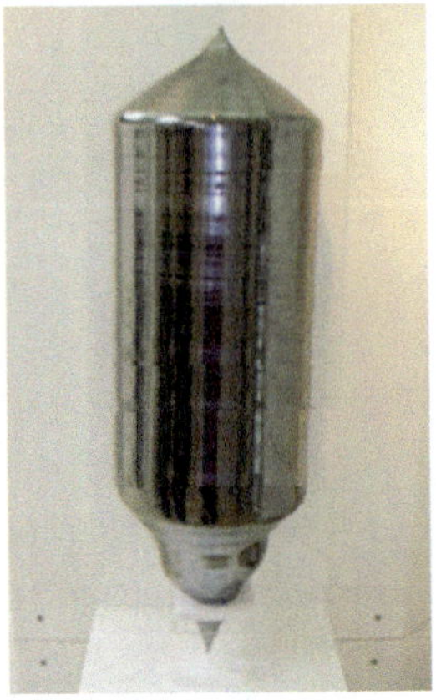

[그림 2.2] 단결정 잉곳 성장

3) 연삭(Grinding) 및 자르기(Cropping)

성장된 잉곳에 대해 둥근 원통 모양으로 일정한 지름을 갖도록 다이아몬드 연삭기(Diamond Wheel)로 깎아내고, 양 끝의 지름이 다른 부분을 잘라내는 공정이다.

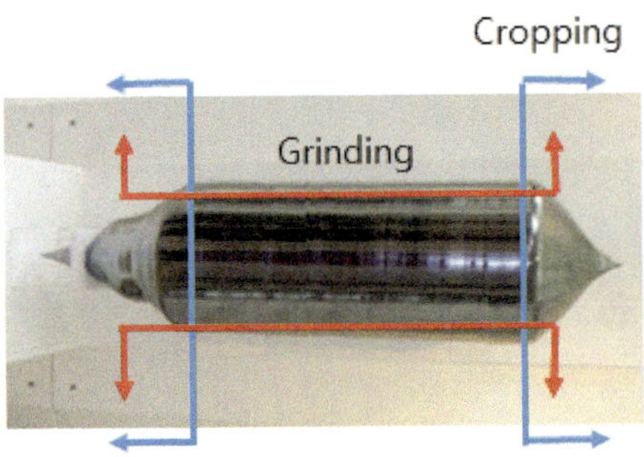

[그림 2.3] Grinding 및 Cropping

잉곳에 대한 연삭 공정을 진행한 다음 웨이퍼의 결정구조와 방향을 나타내는 방법으로 Flat Zone 연삭을 한다. Flat Zone의 형성 모양에 따라 N형 / P형 웨이퍼와 (100) / (111) 웨이퍼를 구분한다. 웨이퍼의 지름이 200[mm] 이내에서는 Flat Zone 가공을 하였으나, 최근 300[mm] 웨이퍼 가공에서는 홈을 파내는 Notch 형성을 한다.

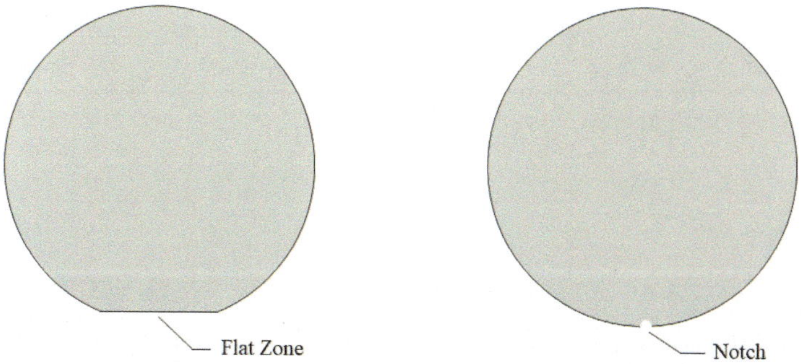

[그림 2.4] Flat Zone 및 Notch

4) 절단(Wire Sawing)

잉곳을 일정한 두께로 절단(Slicing)하여 웨이퍼 형태로 만들어주는 공정이다. 다이아몬드 와이어(Wire)를 이용하여 잉곳을 절단한다.

[그림 2.5] 웨이퍼 절단 후 웨이퍼

5) 모서리 가공(Edge Grinding)

웨이퍼 모서리를 둥그렇게 갈아내어 이후 웨이퍼 가공을 원활하게 하고 파쇄 및 손상을 방지하게 한다.

6) 연마(Lapping)

웨이퍼 절단 시 발생한 표면의 손상을 제거하고, 평탄한 표면을 만들기 위한 웨이퍼의 양쪽 표면을 연마하는 공정이다. 기계적인 압력과 화학적인 연마제를 이용하여 연마한다.

7) 표면 식각(Etching)

연마 가공 중에 발생하는 미세한 표면 결함을 제거하기 위해 질산, 불산, 초산 등 강산 용액을 사용하여 표면을 식각 처리하는 공정이다.

8) 경면 가공(CMP)

가공된 웨이퍼의 평탄도와 면 정밀도를 향상시키고, 경면을 만들기 위해 화학적 기계적 연마 기술(CMP, Chemical Mechanical Polishing)을 이용하여 가공하는 공정이다. 연마 패드(Pad) 위에 웨이퍼를 올려놓고 연마제와 화학액이 혼합된 슬러리(Slurry)를 주입하며 기계적인 압력을 일정하게 가하면서 표면을 연마한다.

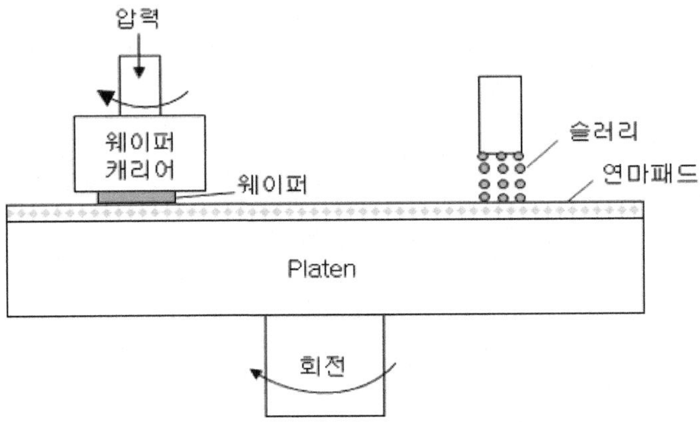

[그림 2.6] 경면 가공

9) 세정(Cleaning)

CMP 가공 후 웨이퍼 표면에 남아 있는 연마 입자 및 마모 입자들을 세정해 주는 공정이다. 화학 용액을 사용하는 습식 세정(Chemical Wet Cleaning) 방법과 브러쉬를 이용하는 스크러빙(Scrubbing) 방법이 있다.

학습문제 제2장 웨이퍼 제조공정

01 용융된 실리콘 용액으로부터 단결정(Single Crystal) 실리콘을 성장시키는 방법을 무엇이라고 하는가?

02 웨이퍼로 사용되는 Si 기판은 결정 구조가 (ㄷ　ㄱ　ㅈ　) 실리콘이다.

03 용융된 초고순도 실리콘 용융액에 단결정 (ㅆ　ㄱ　ㅈ　)을 담근 후 천천히 끌어올리면서 (ㄴ　ㄱ　) 시키면 씨결정과 동일한 단결정이 성장되어진다.

04 인상법에 의해 성장되어지는 원통 모양의 단결정 봉을 무엇이라고 하는가?

05 웨이퍼의 가공 공정을 순서대로 설명하시오.

06 성장되어진 잉곳의 면과 방향을 표시하고 N형 / P형 웨이퍼를 구분하기 위해 웨이퍼 연삭 공정에서 하는 것을 무엇이라고 하는가?

07 연마(Lapping) 공정에 대하여 설명하시오.

08 경면 가공(CMP) 공정에 대하여 설명하시오.

CHAPTER 3

반도체 단위공정

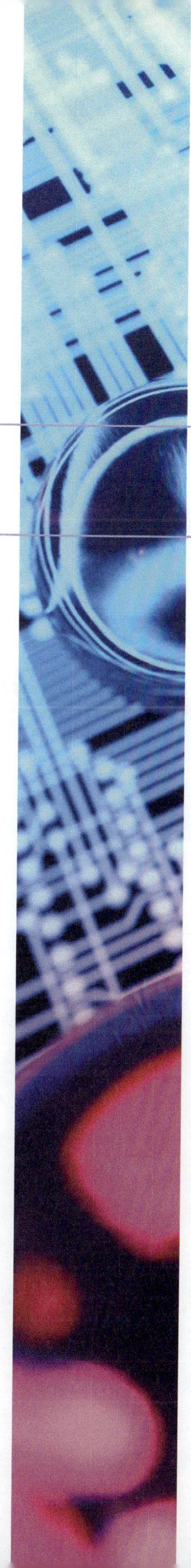

1_Photo 공정
2_Etch 공정
3_Diffusion 공정
4_Ion Implant 공정
5_Thin Film 공정(CVD 공정)
6_Thin Film 공정(PVD 공정)
7_CMP 공정
8_Cleaning 공정

SECTION 01 Photo 공정

1 Photo 공정의 이해

(1) Photo 공정이란?

Photo 공정은 설계된 회로의 패턴을 웨이퍼에 만드는 공정으로 미세한 패턴을 결정하는 데 가장 중요한 공정이다. 웨이퍼에 감광막을 도포한 후 전자회로 패턴이 있는 마스크에 빛을 조사하고 노광된 영역을 현상하여 원하는 형상을 만드는 공정이다. 이를 Lithography 공정이라고도 한다.

1) 포토 레지스트(PR, Photo Resist)란?

포토 레지스트는 반도체 소자의 패턴을 미세하게 가공하는데 사용되는 감광막으로서 빛 또는 전자선 등의 조사에 의해 물리·화학적으로 변화하여 현상 용액에 대한 용해성이 변화하는 내식각성 피막 재료이다.

2) 포토 레지스트의 종류

마스크(Mask)는 설계된 전자회로를 패턴도로 형성하여 만들어 놓은 유리판이며, PR은 액체 형태의 감광물질로 웨이퍼에 얇게 도포하여 건조한 다음 마스크의 패턴을 빛을 통해 전달받게 된다.

빛을 받은 부분 즉 노광 지역은 현상한 다음 제거되느냐, 남느냐에 따라 양성 PR(Positive PR)과 음성 PR(Negative PR)로 나누어진다.

Positive PR은 빛을 받은 지역의 PR이 현상 공정에서 제거되며 빛을 받지 않은 지역의 PR이 남게 되어 최종적인 식각 마스크 역할을 하게 된다.

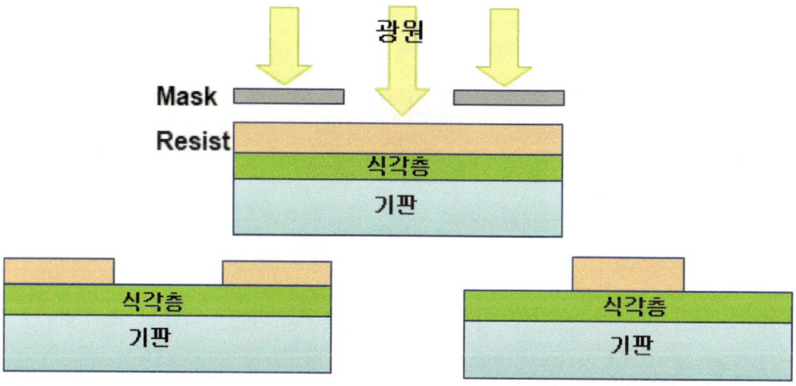

(a) Positive PR의 경우 (b) Negative PR의 경우

[그림 3.1] 감광막의 종류

3) 포토 레지스트의 구성

포토 레지스트는 기본적으로 다음과 같은 성분으로 구성된다.

① 다중체(Polymer) : 감광막의 내식각성, 열적 안정성, 부착성 등의 특성을 나타내는 성분으로 Physical Image를 형성하는 레진(Resin)이다.
② 감응제(Sensitizer) : 빛에 반응하여 감광작용을 한다.
③ 용매(Solvent) : Resist의 점도를 결정하며, 감광막 코팅 후 Soft Bake 시 기화된다.
④ 첨가제(Additives)

4) 마스크(Mask)

하나의 칩을 완성하기 위해서는 층(Layer)별로 필요한 패턴(Pattern)을 형성시켜야 하는데 이때 패턴을 그려둔 원판을 마스크(Mask) 또는 레티클(Reticle)이라고 한다. 여기에서 층(Layer)이란 반도체 칩을 제조하기 위해서는 회로의 패턴들을 적층하여 형성시키는데 이때 형성하는 각각의 층 또는 막을 말한다. 이때 여러 횟수의 Photo 공정 및 식각 공정이 요구되며 이를 위해 그만큼의 마스크 수가 필요하다.

칩에 패턴이 새겨진 상태에서 마스크를 이용해 다시 패턴을 새겨 넣고자 할 때는 이미 새겨진 칩 패턴과 새겨 넣을 마스크 패턴을 서로 기하학적으로 맞추는 공정이 필요한데 이를 정렬(Alignment)이라고 한다.

[그림 3.2] 마스크의 구조

5) Optical Lithography

광학적 Photo 공정은 빛의 반사나 굴절을 이용하여 광학계 시스템을 적용한 Projection Type의 노광 기술로서 해상력 증가 및 정렬도 향상을 이룰 수 있다.

노광은 광원 및 광학계를 이용해 빛을 패턴이 형성된 마스크를 통과시켜 감광막에 조사하는 공정이다. 패턴이 형성된 마스크에 빛을 통과시키는 방식에 따라 스텝퍼(Stepper, Step and Repeater) 및 스캐너(Scanner, Step and Scan 타입) 노광방식으로 나눌 수 있다.

스텝퍼는 Mask 패턴 대비 웨이퍼 상에서의 패턴 비율을 5:1의 축소투영방식이며, 스캐너는 4:1 축소방식으로 점점 커지는 칩 크기에 대응하여 생산성을 높일 수 있는 노광 장비로서 최근 거의 스캐너를 사용하고 있다.

해상력은 광원의 파장과 밀접한 관계를 갖는데 파장이 짧으면 짧을수록 작은 선폭을 패터닝할 수 있으므로 자외선(UV, Ultraviolet)을 사용한다.

광원의 파장별 감광막 패턴 가능 수준에 대하여 아래에 나타내었다.

① g-line(λ=436[nm], 수은 광원) : 0.5[μm] 내외 수준의 패터닝 가능
② i-line(λ=365[nm], 수은 광원) : 0.4[μm] 내외 수준의 패터닝 가능
③ KrF Laser Source(λ=248[nm], Deep UV) : 0.25[μm] 내외 수준의 패터닝 가능
④ ArF Laser Source(λ=193[nm], Deep UV) : 0.13[μm] 이하 수준의 패터닝 가능

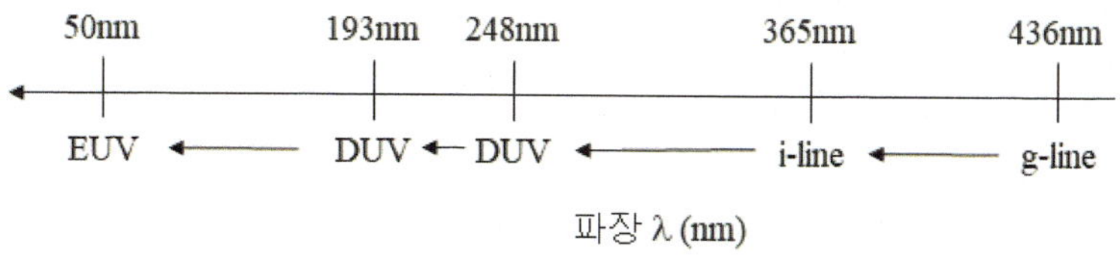

[그림 3.3] 자외선 파장

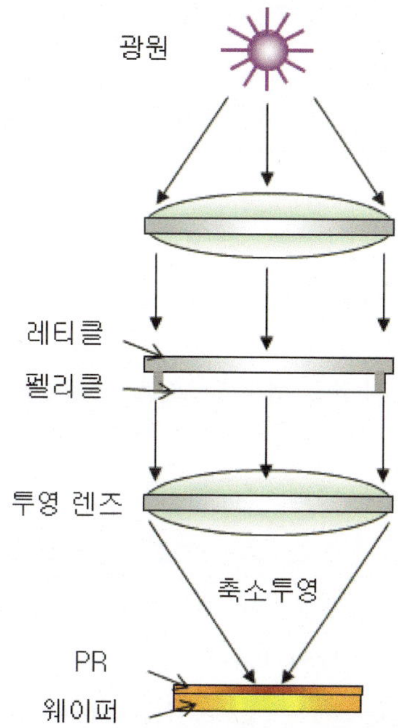

[그림 3.4] 노광 장비 개략도

(2) Photo 공정 순서

1) PR 형성공정

웨이퍼 위에 PR을 형성하는 공정으로, 그림에 나타낸 순서대로 Photo 공정을 진행한다.

① 웨이퍼 세정

Photo 공정 전에 웨이퍼 표면의 Particle 등을 제거하는 공정으로 화학 용액을 사용하는 습식 세정을 통해 이물질을 없앤다.

② 표면처리(HMDS Prime)

PR이 도포될 Si 기판의 표면은 감광막 코팅 시 PR과의 접착력이 문제가 될 수 있다. 이때 HMDS(Hexamethyldisilazeane)로 표면처리 과정을 거침으로써 PR과의 접착력을 증가시킬 수 있다. 상온~150[℃], 1~2분 정도 진행한다.

③ 감광막 코팅(PR Coating)

웨이퍼 위에 PR을 코팅하는 공정이다. 코팅 방법에는 스핀 코팅법과 스프레이 법 등이 있으나 스핀 코팅법이 가장 많이 사용된다.

스핀 코팅법은 감광액을 웨이퍼 위에 떨어뜨리면서 웨이퍼를 회전시키면 원심력에 의해 PR을 균일하게 도포되는 방식이다. 이때 도포된 PR의 두께는 PR의 점성 및 회전수 등에 의존한다. 일반적으로 PR의 두께는 0.5~1.5[μm]로 공정 단계별로 달리하여 코팅한다.

④ Soft Bake

웨이퍼 위에 도포된 감광액의 약 80~90%의 솔벤트(Solvent)를 열에너지에 의해 제거하고 감광액을 굳게 하는 공정이다.

80~100[℃], 1~2분 정도 가열해 솔벤트를 제거한다.

⑤ 노광(Exposure) 공정

마스크의 회로 패턴에 자외선을 투과시켜 노광 지역에 대해 PR의 광화학 반응을 선택적으로 일으키는 공정이다.

이미 진행된 패턴에 대해 마스크의 패턴을 맞추는 정렬 공정 후 빛을 쪼여 패턴을 전달하는 노광 공정을 진행한다.

㉠ 정렬(Alignment)

칩이 완성되기까지는 여러 장의 마스크의 패턴이 웨이퍼로 전달되어 새겨진다. 정렬이란 이미 새겨져 있는 웨이퍼 위의 패턴과 새겨 넣을 마스크의 패턴을 맞추는 공정이다. 주로 정렬 마크(Alignment Mark) 또는 정렬키(Alignment Key)라는 것을 이용해 자동 또는 수동으로 작업이 이루어진다.

㉡ 노광(Exposure)

노광은 자외선을 비추어 마스크의 패턴을 PR로 전달하는 공정으로, 노광의 방법에는 Contact형, Proximity형 등의 Aligner를 이용하는 것과 스텝퍼를 이용하는 것 두 가지 방법이 있으며, 최근에는 스캐너 방식의 노광 기술을 이용하고 있다.
마스크 즉 레티클에는 회로의 레이아웃 패턴을 4배 또는 5배 확대한 칩 패턴이 새겨져 있으며, 이것을 축소 투영하여 웨이퍼에 빛을 조사한다. 노광에 사용되는 빛은 자외선으로 193[nm] 파장대 이내의 Deep UV(DUV)와 Extreme UV(EUV)의 사용이 이루어지고 있다.
노광 시 최적의 노광 에너지 및 최적의 초점 설정, Overlay 보정 등 정밀한 제어가 필요하다.

㉢ P.E.B(Post Exposure Bake)
P.E.B는 노광에 의한 노광부와 비노광부의 용해도 차이를 유발해 이후 현상 공정에서 CD(Critical Dimension) 균일도를 향상시킨다. Hot Plate에 웨이퍼를 100~120[℃]로 굽는 공정이다.

⑥ 현상(Develop)
노광 공정 때 자외선을 받은 PR 부분은 그 화학적 성질이 바뀌게 된다. 이때 알칼리성 현상액으로 공정을 진행하면 화학적 용해도 차이로 인해 PR이 제거되거나 남게 된다.
Positive PR 사용 시 빛을 받은 부분이 제거된다. 현상 방법에는 Spray, Puddle, Dipping 등 여러 방법이 있다.

⑦ Hard Bake
현상 공정 진행 후 PR에 남아 있을 수 있는 수분을 제거하고 PR을 단단하게 만드는 공정이다.
일반적으로 130~160℃로 웨이퍼를 가열하는 공정이다.
Photo 공정 후에는 Etching 공정이나 PR을 마스킹 물질로 하여 선택적으로 불순물을 도입하기 위한 이온주입 공정이 후속 공정으로 따르게 된다.

⑧ 검사(Inspection)
현상 공정이 잘 진행되었는지 검사를 한다. Mask 상의 패턴 크기대로 현상 공정이 잘되었는지 파악한다.

포토 공정 순서 및 패턴 형성에 대한 순서를 아래의 표와 그림에 나타내었다.

[표 3.1] 포토 공정 순서

1)		2)		3)		4)	
HMDS Prime	→	감광막 코팅	→	Soft Bake	→	노광	→
5)		6)		7)		8)	
PEB (Post Expose Bake)	→	현상	→	Hard Bake	→	검사	

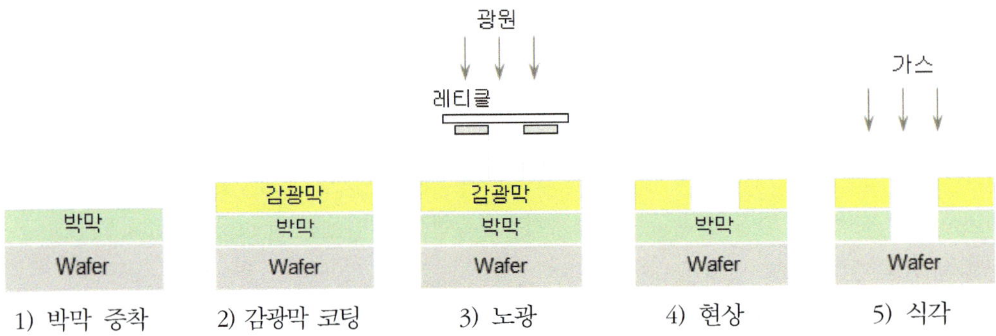

[그림 3.5] 포토 공정에 의한 패턴 형성

Photo 공정 진행 시 감광막 코팅, 현상, Bake 공정은 트랙(Track)이라고 하는 장비를 사용하여 공정을 진행한다. 트랙 장비에는 크게 Coater 유닛, Develop 유닛, Hot Plate 유닛으로 구성되어 있다.

(3) Photo 공정 검사

1) CD(Critical Dimension)

① CD란?

CD는 각 층(Layer)의 패턴의 크기를 말한다. 패터닝이 잘 되었는가를 판단하는 기준으로 선폭의 사이즈를 재고, 이상 유무를 판단하며, 공정상 취약 위치를 검사하여 포토 공정상의 초점 불량, 패턴 결함 등을 확인한다.

② CD 측정

주사전자 현미경(SEM, Scanning Electron Microscope)의 전자총에서 방출된 1차 전자를 웨이퍼 표면에 800~1,000[eV]의 가속 전압으로 입사시켰을 때 웨이퍼에서 방출되는 2차 전자를 검출하여 화상 처리하여 선폭 크기를 측정한다.

가속전압 및 측정 샘플의 용도에 따라 일반 SEM과 CD SEM으로 나누는데 CD SEM은 스펙트럼 시스템에 의해 신호의 크기에 따라 선폭의 크기를 자동적으로 나타내준다.

2) Overlay

① Overlay란?

기존에 형성된 층과 지금 형성하고자 하는 층의 중첩 정확도를 나타내는 공정 지수로서 전 공정과 현 공정 간의 정렬도(Align)를 측정 장비에서 검사하여 공정 이상의 유무를 확인한다. 실제 공정과 다르게 진행하면 Align Fail이 발생한다.

② Overlay 측정

보통 커다란 측정용 마스크 패턴을 이용한다. 그 유형은 Box in Box, Frame in Frame이며 광학적인 방식으로 자동 측정 방법을 사용한다.

패턴은 대개 칩의 외각에 위치한다. 아래 그림과 같이 Misalign 시 그 값이 측정되며 그 값을 보상하여 공정을 진행하여야 한다.

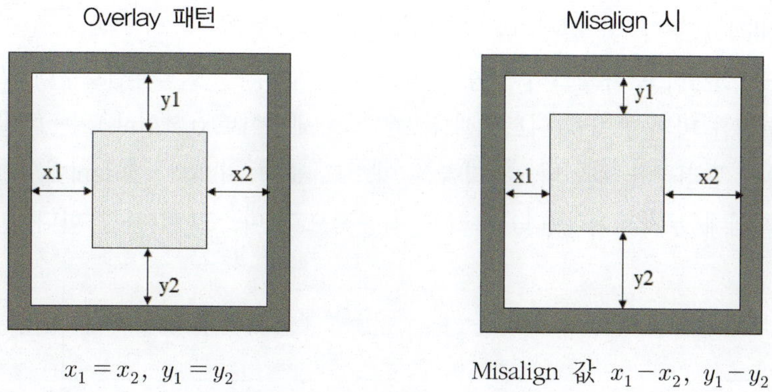

[그림 3.6] Overlay 측정

2 Mask 제조 기술

(1) Mask 제작

1) Mask 제작

① Blank Mask

석영 유리(Quartz) 위에 1,000[Å] 정도의 크롬(Chrome)층을 증착하고 그 위에 레지스트를 코팅한다.

② Writing

Electron Beam, Laser 등으로 CAD 데이터를 마스크 위의 레지스트에 전사한다. 이때 전사된 레지스트는 현상 공정을 통해 패턴이 형상화된다.

③ Chrome 습식식각

현상 후 생성된 레지스트 패턴을 막으로 하여 아래층의 크롬을 식각한다.

④ 검사 및 크롬 수정

레지스트 제거 및 세정이 끝나면 결함 유무를 검사하고 결함 발견 시 이를 수정한다.

⑤ 펠리클(Pellicle) 부착 및 검사

수정 후 세정을 실시하고 마스크의 크롬 패턴을 먼지 입자 등 오염물질로부터 보호하기 위해 광학적으로 투명한 비닐성 박막(니트로셀룰로우스 아세테이트 0.7[μm] 또는 마일러 플루오로 카본 12[μm])인 펠리클을 붙인다. 펠리클은 마스크 표면 위에 약 5[mm]에서 10[mm] 위의 프레임에 밀착되게 부착되어 있다. 그리고 최종적으로 마스크 검사를 한다.

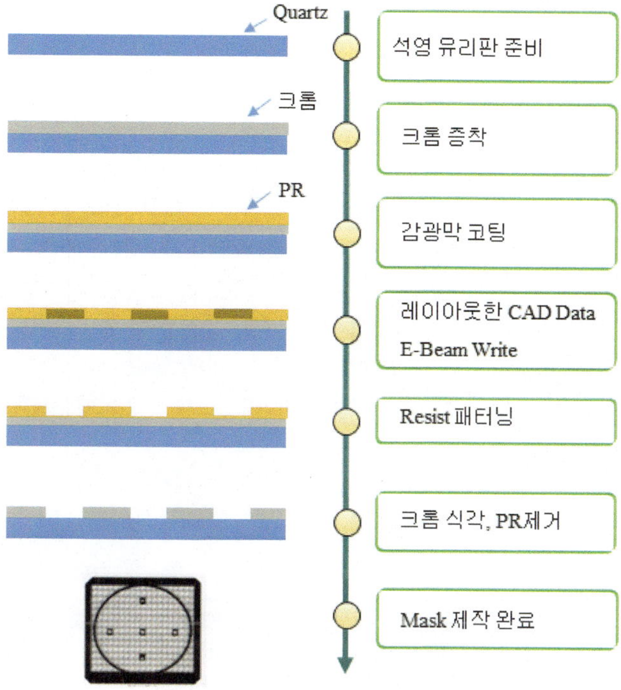

[그림 3.7] Mask 제작 순서

(2) Field Polarity

Mask 제작에 있어서 각각의 Layer들은 공정 진행에 맞춰 석영 위에 크롬 패턴을 형성하는데 그 속성에 따라 레이아웃을 진행한 패턴이 남는 경우와 제거되는 경우로 나누어진다.

양성 PR을 사용하는 조건에서 필드 다크(Field Dark) 마스크는 패턴을 그린 부분이 크롬이 없어 감광막 공정 시 감광막이 제거되는 지역이며, 필드 클리어(Field Clear) 마스크는 패턴을 그린 부분이 크롬이 있어 감광막 공정 시 감광막이 남아 있게 되는 마스크이다.

여기에서 필드의 의미는 레이아웃한 이외의 지역을 말하는 것으로 다시 정리하면 필드 다크는 레이아웃한 이외의 지역이 크롬이 있어 감광막이 남게 되는 것이고, 필드 클리어는 레이아웃한 이외의 지역이 크롬이 없어 감광막이 제거되는 것이다.

Mask 제작 신청 시 각 Layer에 대한 Field Polarity는 패턴 형성에 관한 매우 중요한 항목으로 공정에 대한 이해 및 철저한 주의가 필요하다.

아래의 표는 각각 Layer들의 Field Polarity에 따른 레이아웃 시 마스크 상의 크롬이 패터닝되는 지역과 형성되는 PR의 단면도를 나타내었다.

주요 Layers	Field Polarity	Layout	마스크 상의 크롬이 남아 있는 지역	PR 단면도
PWell, Active, Poly1, Metal1 (Damascene 미적용 시)	Filed Clear		크롬	PR
NWell, N/PIMP, M1CT, Metal1 (Damascene 적용 시)	Filed Dark		크롬	PR PR

[그림 3.8] Layer별 Field Polarity

(3) OPC

반도체 회로 패턴을 형성하기 위해서는 마스크에 빛을 조사하여 웨이퍼 위의 패턴 형성층에 대해 포토 공정을 수행해야 한다.

포토 공정 중 노광 단계에서 패턴이 새겨진 마스크에 빛이 투과될 때 패턴의 기하학적 모양에 따라 초점의 깊이, 에너지 및 빛의 회절 현상 등에 따라 변수가 발생하게 되는데, 이로 인해 원래의 마스크 패턴과 조금 다르게 패터닝 되어진다. 이러한 현상을 해결하기 위해 OPC 기법을 통해 원래의 패턴에 가깝게 PR이 형성되도록 마스크 레이아웃을 보정한다.

OPC란 Optical Proximity Correction의 약자로 직역하면 '광학적 근접효과 보정' 정도로 이해할 수 있다.

OPC 방법으로는 패턴의 형상에 따라 조금씩 다르게 레이아웃하여 보정한다. 빛 에너지가 상대적으로 많이 들어가 라운딩이 되는 모퉁이에는 Serif를 그려주어 패턴을 보강하고, Bar 패턴의 끝부분은 노광이 더 많이 될 수 있으므로 Hammerhead 모양으로 패턴을 달아주어 레이아웃한다. 그리고 빛 에너지가 적게 들어가 노광이 비교적 적게 되어질 수 있는 코너 안쪽에는 Mousebit를 그려주어 레이아웃 시 미리 패턴을 깎아내 레이아웃한다. 이로 인해 포토 공정 진행 후 최대한 원래 마스크의 패턴을 유지시킨다.

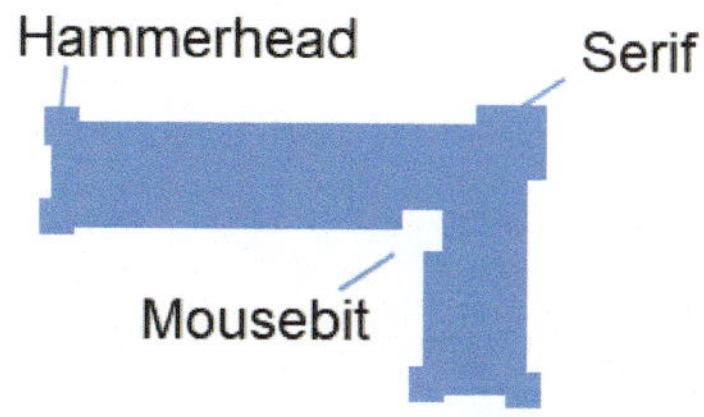

[그림 3.9] OPC 명칭

구분	Mask 패턴	감광막 패턴
OPC 없을 시		
OPC 형성 후	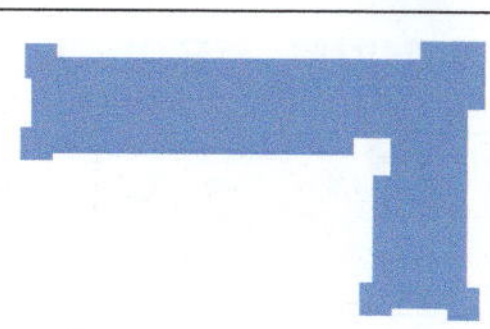	

[그림 3.10] OPC에 의한 패턴 형성

3 최신 Photo 공정

(1) 차세대 Photo 공정 개발 사항

① ArF 노광 공정은 30nm대 Line & Width(선폭) 구현을 멀티 패터닝 공정을 이용하여 선폭을 1/4 이하까지 줄일 수는 있지만, 그 이하 더 작은 선폭 구현은 어렵다.

② EUV(Extreme Ultraviolet)는 X-Ray와 Deep UV 사이의 파장대의 자외선(UV, Ultraviolet)을 광원으로 사용하는 방식으로 EUV 기술이 더욱 발전하여 상용화되면 ArF의 멀티 패터닝

공정을 대체하게 될 것이며 이후 동일한 멀티 형성 기법을 통해 10[nm] 이하의 선폭 구현이 가능할 것이다.

③ 차세대 포토 기술로는 마스크를 이용하는 리소 그래피(Litho Graphy)와 마스크를 사용하지 않는 리소레스 그래피(Litholess Graphy) 기술이 있다.

(2) EUV 기술

1) EUV이란?

EUV의 파장은 13.5[nm]이다. EUV를 발생시키는 방법은 Laser Produced Plasma(LPP)와 Discharge Produced Plasma(DPP) 두 가지 방식으로 나뉜다. 현재는 Laser Produced Plasma (LPP) 방식이 주로 사용되고 있다.

2) 기존 ArF와의 차이점

현재까지 기술을 고려하였을 시 ArF의 해상도(Resolution)는 38[nm] 정도이고, EUV의 해상도는 13[nm] 정도이다. 아래 표에서는 Photo 장비 광원에 따른 CD 구현 영역을 나타내었다.

[표 3.2] 광원에 따른 선폭의 구현

광원	파장(nm)	회로 선폭(nm)
KrF	248	100~80
ArF	193	70~50
ArF Immersion	150	40~20
EUV	100~10	20 이하

3) EUV 기술의 한계

EUV 기술의 한계는 ArF에서 EUV로 바뀌면서 장비의 구조적인 문제로 발생하는데 ArF 장비 대비 시간당 웨이퍼 처리량이 절반 수준으로 생산성이 떨어지는 문제점이 있다.

학습문제 제3장 1. Photo 공정

01 (ㅍ ㅌ ㄹ ㅈ ㅅ ㅌ)는 반도체 소자의 패턴을 미세하게 가공하는데 사용되는 감광막을 일컫는다.

02 양성 PR(Positive PR)과 음성 PR(Negative PR)에 대하여 설명하시오.

03 하나의 칩을 완성하기 위해서는 층(Layer)별로 필요한 패턴(Pattern)을 형성시켜야 하는데 이때 패턴을 그려둔 원판을 (　　　　　) 또는 (　　　　　)이라고 한다.

04 (ㅈ ㄹ)이란 이미 새겨져 있는 웨이퍼 위의 패턴과 새겨 넣을 마스크의 패턴을 맞추는 공정이다.

05 노광 장비 및 노광 방식에 대하여 설명하시오.

06 노광 시 사용하는 광원은 파장이 짧은 (　　　　　)을 사용한다.

07 사진 식각 공정을 이용한 산화막 식각 공정 시 올바른 순서로 나열한 것은?

㉮ 감광막 도포　㉯ 현상　㉰ 산화막 식각　㉱ 노광　㉲ 감광막 제거

① ㉮→㉯→㉰→㉱→㉲　　② ㉮→㉰→㉯→㉱→㉲
③ ㉮→㉱→㉯→㉰→㉲　　④ ㉮→㉱→㉰→㉯→㉲

08 Photo 공정 진행 시 감광막 코팅, 현상, Bake 공정은 (ㅌ ㄹ)이라고 하는 장비를 사용하여 공정을 진행한다.

09 Overlay 측정 방식에 대하여 설명하시오.

10 마스크의 크롬 패턴을 먼지 입자 등 오염물질로부터 보호하기 위해 광학적으로 투명한 비닐성 박막인 (ㅍ　ㄹ　ㅋ)을 붙인다.

11 아래 Layer 들의 레이아웃에 대하여 Field Polarity를 나타내고 마스크 상의 크롬이 패터닝 되는 지역과 형성되는 PR의 단면도를 그리시오.

주요 Layers	Field Polarity	Layout	마스크 상의 크롬이 남아 있는 지역	PR 단면도
Poly1	Filed (Clear, Dark)	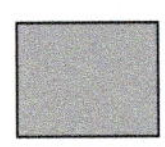		
M1CT	Filed (Clear, Dark)			

12 OPC에 대하여 설명하고 OPC 방법에 대하여 그림으로 나타내시오.

13 최근 수십 nm 대 패턴 형성을 목적으로 사용하는 광원으로서 X-Ray와 Deep UV 스펙트럼 영역 사이의 파장대의 자외선(UV)을 무엇이라 하는가?

SECTION 02

Etch 공정

제3장 반도체 단위공정

1 Etch 공정의 이해

(1) Etch(식각) 공정이란?

① 감광막의 패턴대로 산화막이나 금속막 같은 하부 막을 가공하는 공정으로, 마스크를 사용하여 웨이퍼의 특정 지역을 패터닝했을 때 PR에 의해 가려지지 않은 부분을 선택적으로 제거하는 공정이다.

② 감광막이 형성되어 있지 않은 부분만 선택적으로 제거하는 식각 공정은 습식 식각(Wet Etching)법과 건식 식각(Dry Etching)법으로 나누어진다.

(2) 습식식각

1) 습식식각이란?

특정한 화학 용액(Chemical)을 사용하여 화학반응으로 불필요한 막을 제거하는 공정이다. 주로 화학 용액 통(Bath)에 웨이퍼를 담가 식각하며 이때 화학 용액은 제거하고자 하는 막의 종류에 따라 달라진다.

습식식각은 식각하고자 하는 막에 대한 선택비(Selectivity)가 높으며, 대량으로 웨이퍼를 처리할 수 있고 오염과 손상의 문제가 적은 장점이 있다. 하지만 단점으로는 PR의 접착력 저하 및 취급 시 안전사고의 위험성이 있으며, 등방성 식각(Isotropic Etching)으로 원하는 막의 선폭을 제어하기가 어려운 문제점이 있다.

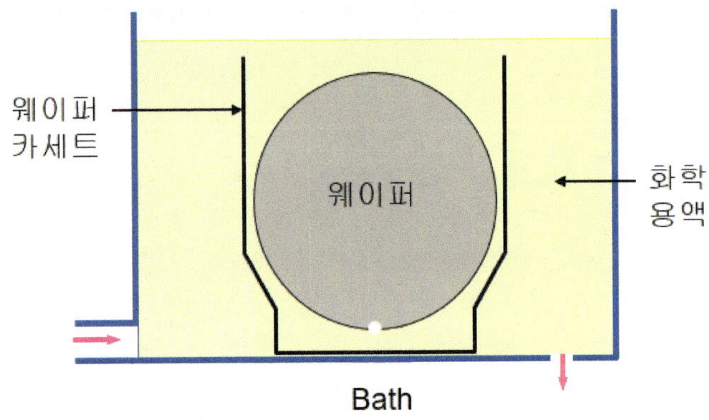

[그림 3.11] 습식식각의 개략도

2) Layer 별 습식식각

아래의 막은 대표적으로 사용하는 반도체 물질로서 각 물질에 따라 사용하는 화학 용액을 달리한다.

① 산화막(Oxide) 습식식각

㉠ 용액 : HF(불산) + NH_4F (Buffered Oxide Etchant : BOE)

㉡ 반응 : $SiO_2 + 6HF \rightarrow H_2 + SiF_6 + 2H_2O$

여기에서 HF는 SiO_2를 식각하는 역할을 하며, NH_4F는 식각 시 소모되는 F 이온을 보충하는 Buffering Agent로 작용한다.

② 폴리실리콘(Poly Silicon) 습식식각

㉠ 용액 : HNO_3(질산) + HF(불산) + CH_3COOH(초산)

㉡ 반응 : $Si + HNO_3 + 6HF \rightarrow H_2SiF_6 + HNO_2 + H_2 + H_2O$

여기에서 HNO_3는 Si를 SiO_2화하여 생성된 SiO_2를 HF로 식각한다. 이때 CH_3COOH은 식각 시 소모되는 HNO_3를 보충하는 Buffering Agent로 작용한다.

③ 질화막(Si_3N_4) 습식식각

㉠ 용액 : Hot H_3PO_4(인산)

160℃의 인산 용액을 사용하여 습식 식각한다.

④ 알루미늄(Al)의 습식식각

㉠ 용액 : H_3PO_4(인산) + HNO_3(질산) + CH_3COOH(초산)

여기에서 HNO_3는 Al을 Al_2O_3화 하여 생성된 Al_2O_3를 H_3PO_4로 식각한다. 이때 CH_3COOH는 식각 시 소모되는 HNO_3를 보충하는 Buffering Agent로 작용한다.

(3) 건식식각

1) 건식식각이란?

진공 챔버(Chamber) 안으로 반응 가스를 주입 시킨 후, 플라즈마(Plasma)를 형성시켜 식각하고자 하는 막을 화학적 또는 물리적으로 반응시켜 제거하는 공정이다. 플라즈마란 (+) 또는 (-) 전하를 띤 입자와 중성 입자들이 모여 있는 덩어리를 일컫는 것으로 전체적으로 중성을 띠고 있다.

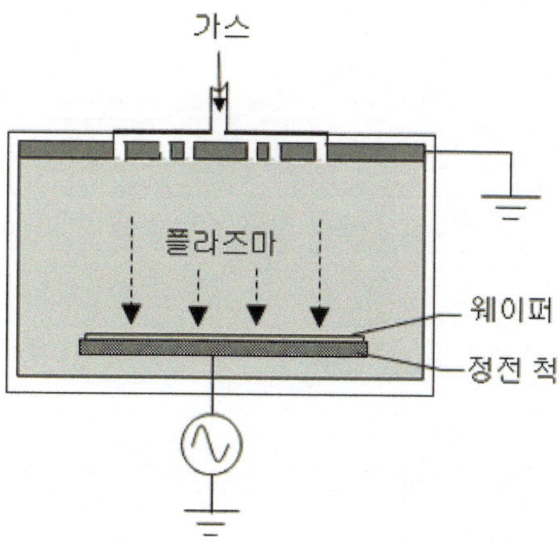

[그림 3.12] 건식식각의 개략도

2) 건식식각의 종류

① 물리적 건식식각

플라즈마 내에서 발생한 이온을 전계로 가속하여 식각 박막층에 충돌시킴으로써 스퍼터링(Sputtering)에 의해 식각하는 것이다. 이온의 방향성 때문에 높은 이방성 특성을 갖지만, 하부층에 대한 식각 선택비는 좋지 않게 된다.

② 화하저 건시시가

플라즈마 내에서 형성된 라디칼(Radical)이 기판의 식각 층과의 화학적인 반응으로 식각이 진행되어 습식식각에서처럼 높은 등방성 식각이 이루어진다.

③ Ion Enhanced Plasma Etching

화학적 효과와 물리적 효과를 결합하여 식각 선택비와 이방성을 동시에 얻을 수 있다.

3) 건식식각 메커니즘

아래의 그림은 건식식각 원리를 도식화하여 나타내었으며 식각 메커니즘은 아래와 같다.

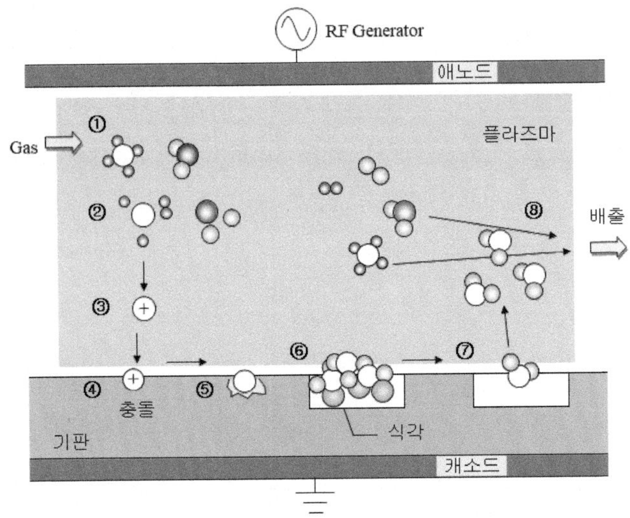

① 반응 식각 가스 주입
② 반응 식각 가스의 이온화
③ 식각 층으로의 이동
④ 식각 층 표면에 이온 충돌
⑤ 반응성 이온의 기판 흡착
⑥ 식각 층 표면에서의 물리 · 화학적 식각 반응
⑦ 식각 층 표면으로부터 식각 부산물의 탈착
⑧ 식각 부산물의 챔버 밖 배출

[그림 3.13] 건식식각 메커니즘

4) 플라즈마(Plasma)란?

Plasma는 전자, 양이온, 음이온 그리고 라디칼이라 불리는 중성입자의 집합체이다. 챔버 전극에 DC 전위를 형성시켜 가스와 전기장의 상호작용을 통해 하전입자들을 생성하여 플라즈마를 발생시킬 수 있다.

전기장에 의해 중성입자의 이온화가 일어나면서 방출된 전자는 애노드(Anode)를 향해 가속되고 중성입자와의 충돌을 거치면서 더 많은 전자를 발생시켜 이온화 밀도를 증가시키며 캐소드(Cathode)를 향해 충돌하는 양이온들은 여분의 전자들을 발생시키게 된다. 이때 여기된 입자들은 에너지를 낮추기 위해 광 방출을 함으로써 고유의 플라즈마 빛을 발생시킨다.

5) 건식식각의 장 · 단점

건식식각은 정확한 조절이 가능하여 식각 제어가 용이하고, 특히 식각하고자 하는 막에 대해 수직으로 입사하는 이온을 이용하기 때문에 측면으로의 식각 없이 마스크 패턴대로 원하는 선폭을 얻을 수 있다. 이러한 높은 가공정밀도 때문에 현재 거의 건식식각을 이용하고 있다.

건식식각은 가속된 이온에 의한 물리적인 스퍼터링(Sputtering) 현상이 일어나기 때문에 선택비가 떨어지며 이 때문에 공정 시 종점(End Point)을 정확히 찾는데 어려운 점이 있다. 또한 챔버 안의 이온화 전자 등에 의해 오염의 문제가 대두되고 있다.

6) 박막의 종류별 건식식각에 대한 반응 가스

[표 3.3] 박막의 종류에 따른 반응 가스

박막의 종류	반응 가스
산화막(Oxide)	CF_4, CHF_3 등
폴리실리콘(Poly Silicon)	Cl_2, HCl, SF_6 등
질화막(Si_3N_4)	SF_6, CF_4 등
금속막(Al, TiW, TiN)	Cl_2, BCl_3, SF_6 등
감광막(PR)	O_2, O_3 등

(4) PR 제거(PR Strip)

식각 또는 이온주입 공정 후 PR을 제거하는 공정이다. 현재 PR 제거 시 반응가스로는 O_2, O_3 등을 이용하여 제거한다. 이 공정을 PR Strip 공정 또는 Ashing 공정이라고도 하며 이때 사용하는 장비를 Asher라고 한다.

(5) 습식식각과 건식식각의 비교

[표 3.4] 습식식각과 건식식각의 비교

구분	습식식각	건식식각
방법	화학 용액을 이용한 화학적 반응	가스를 이용한 물리 · 화학적 반응
장비	대기 중의 Bath	진공의 챔버
장점	1) 저비용, 쉬운 과정 2) 식각 속도 빠름 3) 식각 선택비 좋음	1) 정확한 선폭 크기 구현 2) 미세 패터닝 가능
단점	1) 선폭 크기 제어 어려움 2) 웨이퍼의 오염 위험 3) Under Cut 발생	1) 고비용, 정밀 제어 필요 2) 낮은 처리량 3) 식각 선택비 안 좋음
특징	등방성 식각	비등방성 식각
식각 후 단면도	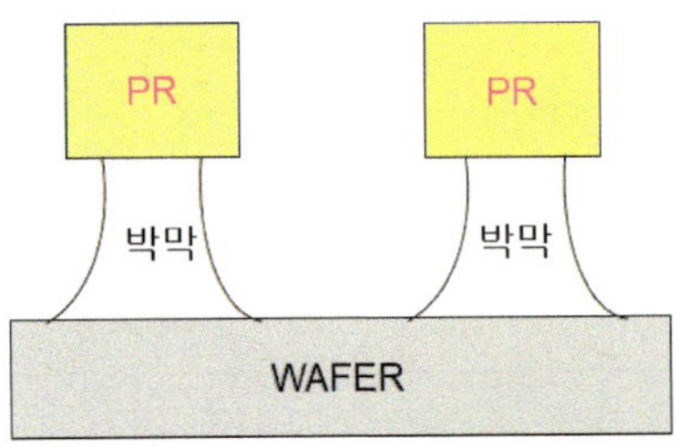	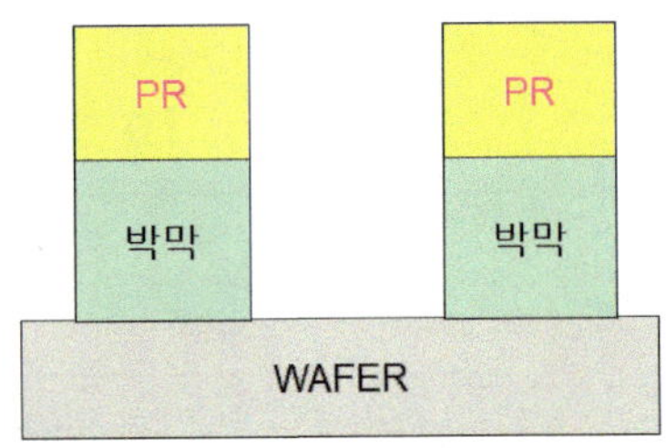

2 식각 용어 및 고려사항

(1) 식각 용어 정의

1) 식각률(Etch Rate)

식각 속도를 말하며, 단위 시간당 식각하고자 하는 박막의 두께 변화율을 나타낸다.

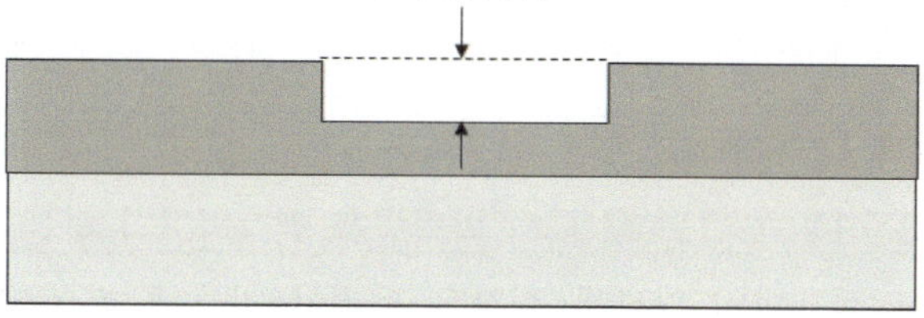

[그림 3.14] 식각률

2) 식각 선택비(Etching Selectivity)

서로 다른 종류의 박막을 동일한 조건으로 식각을 할 때 각각의 박막에 대한 식각 속도의 상대적인 비이다.

$$S_{A/B} = \frac{E_A}{E_B}$$

여기에서 $S_{A/B}$: 식각 선택비, E_A : A 박막의 식각률, E_B : B 박막의 식각률

3) 식각 바이어스(Etch Bias)

Photo 공정을 거친 감광막 선폭의 크기에 대해 식각공정을 진행한 다음의 선폭 크기의 차이이다.

$$\text{Etch Bias} = \text{DICD} - \text{FICD}$$

여기에서 DICD는 Development Inspection Critical Dimension(현상 후 선폭의 크기), FICD는 Final Inspection Critical Dimension(식각 후 최종 선폭의 크기)이다.

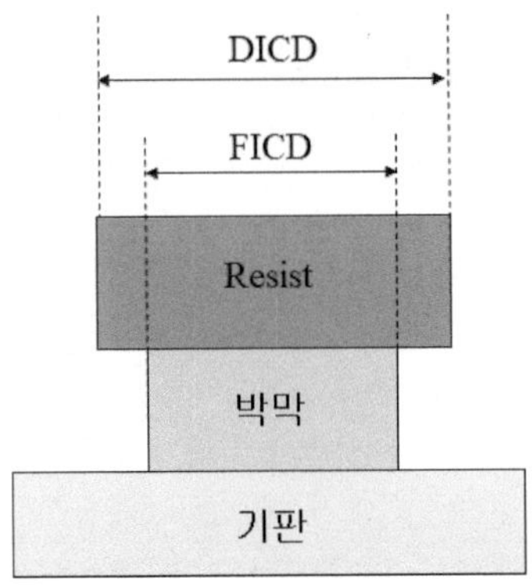

[그림 3.15] 식각 바이어스

4) 종점 검출(End Point Detection)

서로 다른 박막이 층을 이루고 있을 때 위의 박막만을 식각하고자 하는 경우, 위의 박막만을 식각하고 아래 박막이 식각되지 않도록 식각을 멈춰야 하는데 이를 종점 검출(End Point Detection)이라고 한다.

① Laser Interface 방법

식각하고자 하는 박막이 식각된 후 아래층의 박막이 드러나게 되면 굴절률 및 반사도의 차이를 찾아 종점을 검출한다.

② Optical emission 방법

식각하고자 하는 박막이 식각이 끝나게 되어 아래층의 박막이 드러나게 될 때 발생하는 반응 부산물의 신호를 측정하는 방법이다.

5) Undercut

식각이 되지 말아야 할 Mask Layer 아래쪽의 박막이 약간 식각되는 현상이다.

6) 과도 식각(Over Etch)

종점 식각 후에도 추가로 식각하는 경우를 말하며, 이는 웨이퍼의 위치별 증착 두께 및 식각률의 불균일도로 인해 종점까지 식각이 안 되는 경우를 대비하여 과도식각을 진행한다.

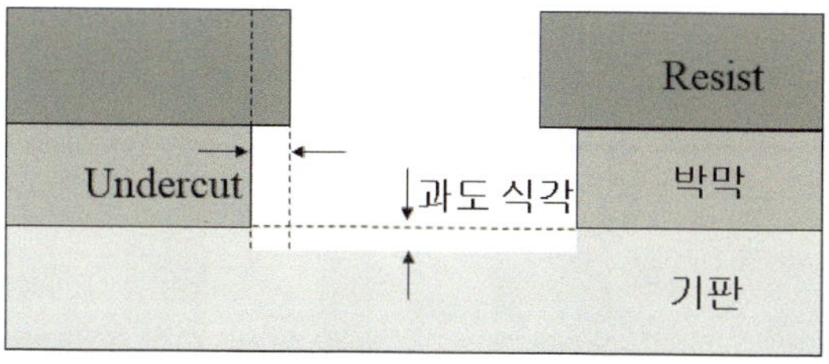

[그림 3.16] 과도 식각

7) Loading Effect

Loading Effect란 패턴의 밀도와 크기의 차이에 의해 식각 속도가 서로 달라져서 패턴의 모양이 달라지는 현상을 말한다. 식각 공정 진행 시 어떤 부분에서 식각이 지연되는 현상을 의미한다. 로딩 효과는 패턴 밀도 및 크기에 따라 다음과 같이 두 가지 경우로 나누어진다.

① Micro Loading Effect

식각하고자 하는 패턴의 크기가 동일한데 한쪽은 패턴 밀도가 높고, 다른 쪽은 밀도가 낮은 지역을 식각할 때 나타나는 효과를 말한다. 밀도가 높은 지역은 식각을 위한 제한적인 플라즈마 밀도에 비해 식각 면적이 넓으므로 식각 속도가 달라져 식각률이 떨어지게 되며 밀도가 낮은 지역은 이와 반대로 되는데 이를 Micro Loading Effect라고 한다.

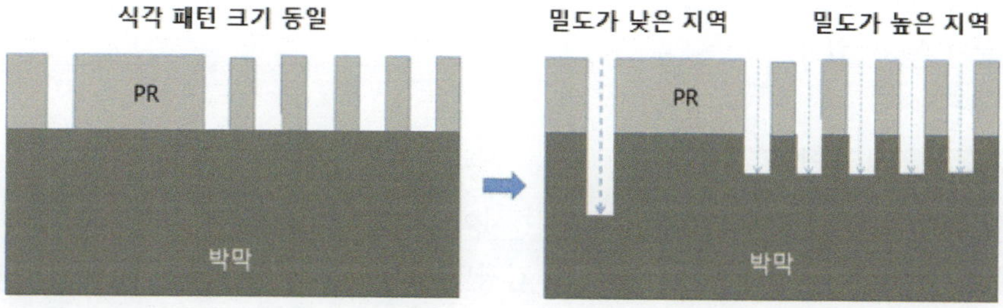

[그림 3.17] Micro Loading Effect

② Macro Loading Effect

동일한 플라즈마 밀도로 식각을 하게 될 때 식각하려고 하는 면적의 크기에 따라 식각률이 달라지는데, 식각 면적이 넓은 지역은 플라즈마 가스양이 많아지므로 식각 속도가 빨라지게 된다. 이에 따라 식각률이 달라지는 현상을 Macro Loading Effect라고 한다.

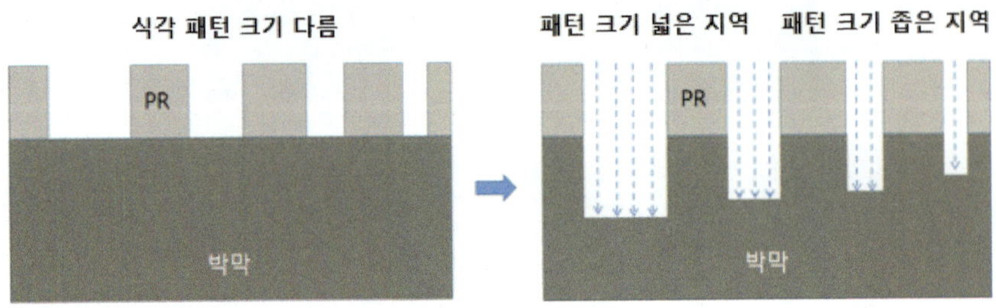

[그림 3.18] Macro Loading Effect

3 최신 Etch 공정

(1) 최신 Etch 공정 개발 사항

1) 반도체 미세화 경향에 따른 식각 기술

수십 nm급 선폭 미세화 과정에서 플라즈마 식각은 스펙 여유도 및 균일도 향상에 있어 매우 중요시되고 있으며, 미세화 공정에 따른 종점 검출은 아주 미세한 오차까지도 허용되지 않는 중요한 기술이 되고 있다.

2) Hard 마스크를 이용한 식각 공정

반도체 미세 회로 패턴 공정에서 감광막의 패턴 사이즈는 점점 줄어듦에 따라 감광막의 두께는 얇아지고 폭은 줄어들어 이를 이용한 식각 시 감광막의 패턴을 유지하기가 힘들어졌으며 이에 미세한 패턴 식각 또한 어려워졌다. 이에 Hard 마스크를 이용한 식각 공정은 패터닝에 필요한 필름인 Hard Mask를 코팅하고 감광막으로 Hard Mask용 필름을 패터닝한 후 이를 이용하여 하부층을 식각하는 방법이다. Hard Mask는 하부층에 대해 접착력이 우수하고 식각에 대해 내식각성이 좋은 소재로써 주로 Carbon을 포함한 유기물 성분을 사용하며, Spin Coating 방식으로 도포하거나 화학적 기상 증착법(CVD, Chemical Vapor Deposition)으로 증착한다.

최근 박막의 높이가 높아지고 선폭이 작아짐에 따라 일반적인 식각 기술로는 한계에 다다르면서 Hard 마스크 공정을 이용하여 식각하고 있다.

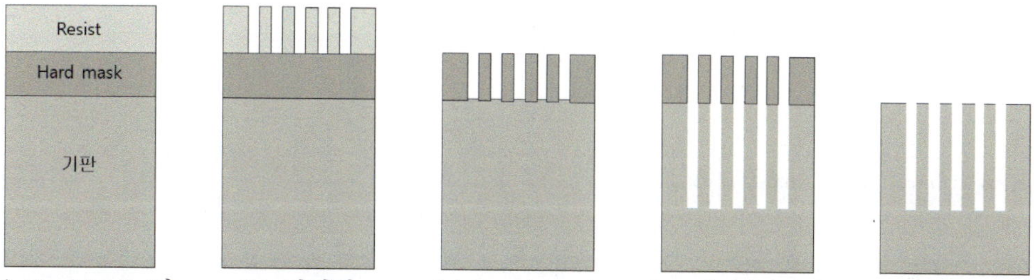

(a) Hard Mask 및 감광막 코팅 (b) 감광막 패터닝 (c) Hard Mask 식각 (d) 하부층 식각 (e) Hard Mask 제거

[그림 3.19] Hard Mask를 이용한 식각 공정

3) 식각 기술의 발전 방향

Photo 공정에서의 마스크 해상도 한계를 극복하기 위해 식각공정에서는 초미세 회로 패턴 형성을 위한 멀티플 패터닝 기술이 사용되고 있다. 임의의 패턴에 스페이서를 형성하고 형성된 스페이서를 이용하여 하부층을 식각한 다음 이 단계를 다시 반복함으로서 미세한 패턴을 형성할 수 있는 기술이다. 패터닝 한계를 극복하기 위한 기술로 형성된 스페이서의 폭만큼 또는 그 이하 사이즈로 미세 패턴을 형성할 수 있다. 이러한 방식을 Double Spacer Patterning Technology라고 한다.

또한 웨이퍼 내의 센터(Center) 영역과 에지(Edge) 영역의 균일도 향상을 위해 플라즈마 밀도를 균일하게 하고 온도 제어를 통해 웨이퍼 표면에서의 화학반응을 잘 제어할 수 있도록 개선하고 있다.

학습문제 제3장 2. Etch 공정

01 식각 공정에 관해 설명하시오.

02 습식식각과 건식식각에 따른 장 · 단점을 설명하고 식각층의 단면도를 그림으로 나타내시오.

구분	습식식각	건식식각
장점		
단점		
식각 후 단면도		

03 습식식각에서 주로 사용되는 화학 용액은 무엇인지 나열하시오.

04 건식식각은 진공 챔버 안으로 반응 가스를 주입시킨 후, (ㅍ ㄹ ㅈ ㅁ)를 형성시켜 식각하고자 하는 막을 화학적 또는 물리적으로 반응시켜 제거하는 공정이다.

05 건식식각의 이루어지는 메커니즘을 순서대로 설명하시오.

06 건식식각에서 주로 사용되는 가스는 무엇인지 나열하시오.

07 플라즈마에 대하여 설명하시오.

08 식각 또는 이온주입 공정 후 PR을 제거하는 공정을 (   )라고 하며 이때 사용하는 장비를 (   )라고 한다.

09 식각 바이어스(Etch Bias)에 대하여 설명하시오.

10 식각 시 종점 검출 방식에 관해 설명하시오.

11 과도식각을 하는 이유는 무엇인가?

12 (L   E   )란 패턴의 밀도와 크기의 차이에 의해 식각 속도가 서로 달라져서 패턴의 모양이 달라지는 현상을 말한다.

13 Hard 마스크를 이용하는 식각 공정에 대하여 그림으로 설명하시오.

SECTION 03 Diffusion 공정

1 Diffusion 공정의 이해

(1) Diffusion 공정이란?

1) Diffusion(확산)의 정의

농도의 기울기 차이에 의해 입자들이 농도가 높은 쪽에서 낮은 쪽으로 이동해 가는 현상을 확산(Diffusion)이라고 한다. 반도체에서 기판에 대한 불순물 원자들의 확산은 열확산법에 의해 이루어진다.

2) 열확산법(Thermal Diffusion)

열확산은 높은 온도(800~1,200[℃])의 Furnace 속에 웨이퍼를 두고 붕소(B), 인(P) 등이 포함된 가스를 흘려줌으로써 행해진다. 이때 선택적인 불순물 주입을 위해서는 SiO_2 등이 마스크 물질로 사용된다.

① 선 증착(Pre-deposition)
불순물을 웨이퍼에 도입하는 공정으로 확산로(Furnace)에 유입된 불순물 원자들이 실리콘 표면에 주입되고 Si 표면에 얇은 고농도의 불순물 층이 형성된다.

② 후 확산(Drive-in)

증착되는 불순물들이 실리콘 결정 속으로 침투하여 웨이퍼 내의 불순물 농도 분포 및 확산 깊이의 조절이 이루어진다. 이때 수직 방향으로 확산한 깊이를 접합 깊이라고 한다. 보통 후 확산 공정은 고온에서 이루어진다.

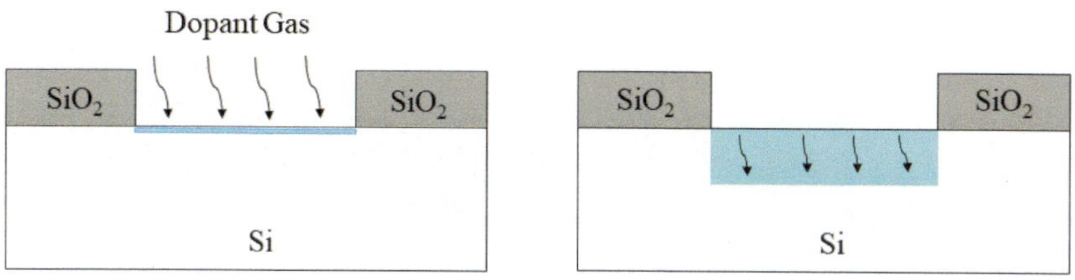

(a) 선 증착(Pre-deposition) (b) 후 확산(Drive-in)

[그림 3.20] 선 증착 및 후 확산

Diffusion의 대표 공정으로는 산화막 형성공정과 화학적 기상 증착법에 의한 박막 형성공정이 있다.

(2) 산화막 형성공정

1) 열산화막(Thermal Oxide)

① 열산화 공정이란?

실리콘 기판을 온도가 높은 산화 분위기(O_2, H_2O) 속에 노출시켜 표면에 균일한 산화막을 얻는 것을 열산화 공정이라고 한다.

열산화 방법은 산화 시 사용하는 기체에 따라 크게 건식 산화(Dry Oxidation)와 습식 산화(Wet Oxidation) 방법으로 분류된다. 600[℃] 이상 고온에서 Si 웨이퍼와 산소 성분을 반응시키면 열산화막이 생성되는데 이때 형성된 SiO_2는 막질이 치밀하고 우수하며 매우 안정된 절연막 특성을 갖는다.

Si 웨이퍼는 상온에서도 공기 중의 산소와 반응해 20~30[Å] 두께의 산화막이 길러지는데 이를 자연 산화막(Natural Oxide)이라 한다.

② 산화막(SiO_2)의 역할

㉠ MOSFET에서의 게이트 절연막, 커패시터에서 유전체

㉡ 두 도전체 사이의 절연체

㉢ 제조 공정상에서 마스크 역할(확산 방지막, 식각 방지막)

㉣ 칩 완성 후의 보호막(Passivation)

2) 열산화 공정 메커니즘

이미 존재하는 산화막을 통해 산화제인 O_2나 H_2O가 Si/SiO_2 계면까지 확산하여 들어가면 Si와 반응하여 SiO_2를 형성한다. 이때 소모되는 Si의 두께는 전체 산화막 두께의 약 45% 정도이다.

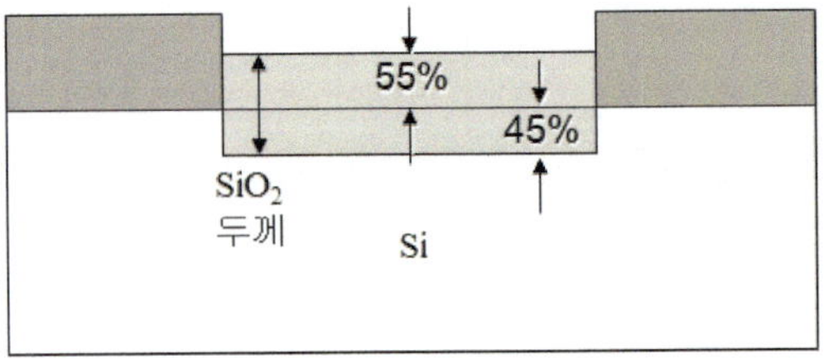

[그림 3.21] 열산화에 의한 실리콘 산화막

3) 열산화 장비

열산화 장비는 보통 장비의 형태에 따라 수평로(Horizontal Furnace)와 수직로(Vertical Furnace)로 구분된다. 아래의 그림에는 열산화막 성장에 사용되는 수평로와 수직로의 개략도를 나타내었다. 석영 Boat에 웨이퍼를 장착 후 로딩하여 온도와 가스를 조절하면서 열산화 공정을 진행한다.

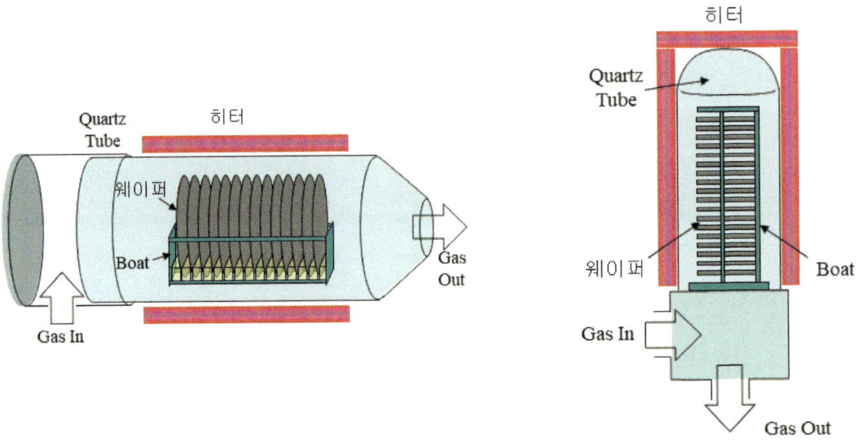

(a) 수평로　　　　(b) 수직로

[그림 3.22] 열산화 장비

4) 열산화막 성장 방법

① 건식 산화(Dry Oxidation)

O_2가스를 주입하여 산화막을 성장시키며, 성장 속도는 느리나 양질의 산화막을 얻을 수 있다.

$$Si + O_2 \rightarrow SiO_2$$

② 습식 산화(Wet Oxidation)

수증기를 사용해 산화막을 형성시켜 성장 속도가 빠르며 두꺼운 산화막 성장 시 주로 사용된다.

$$Si + 2H_2O \rightarrow SiO_2 + 2H_2$$

③ 발열성 산화(Pyrogenic Oxidation, Steam Oxidation)

H_2와 O_2를 반응시켜 수증기화해서 산화막을 성장시키는 방법이다.

5) 열산화막 성장 속도

열산화막의 성장 속도는 다음 조건에 따라 변화한다.

① 습식 산화가 건식 산화보다 성장 속도가 빠르다.
② 온도가 높을수록 성장 속도가 빠르다.
③ 결정 방향 (111)면 웨이퍼가 (100)면 웨이퍼보다 성장 속도가 빠르다. 단위 면적당 반응할 수 있는 Si Bond 수가 더 많기 때문이다.
④ O_2 또는 H_2O의 분압이 클수록 성장 속도가 빠르다.

(3) CVD 절연막

기체 상태의 화합물을 외부에서 반응실 안으로 반응 가스를 주입하고 플라즈마(Plasma) 또는 열(Thermal) 등에 의해 화학반응을 시켜 웨이퍼에 박막을 형성시키는 방법을 화학적 기상 증착법(CVD, Chemical Vapor Deposition)이라고 한다.

1) CVD 공정의 특징

① 하부 막과 독립된 막 성장
② 여러 종류의 박막 성장 가능

③ 저온에서 증착 가능
④ 고순도 가스 사용으로 고순도 막 성장 가능
⑤ 층 덮임(Step Coverage)이 우수한 막 성장

상기의 층덮힘에 대한 개념을 이해하기 위해서는 다음의 공정 용어를 알아야 한다.

① Aspect Ratio
Aspect Ratio는 하층 박막의 단차의 비를 말하며, 가로 x축에 대한 높이(y)의 비를 말한다. 1 값보다 큰 경우에는 가로 축 대비 세로축이 더 커짐을 의미하므로 박막의 증착 시 윗면과 아랫면에 대한 측벽의 증착 두께의 균일도가 고려되어야 한다.

$$Aspect\ Ratio = \frac{y}{x}$$

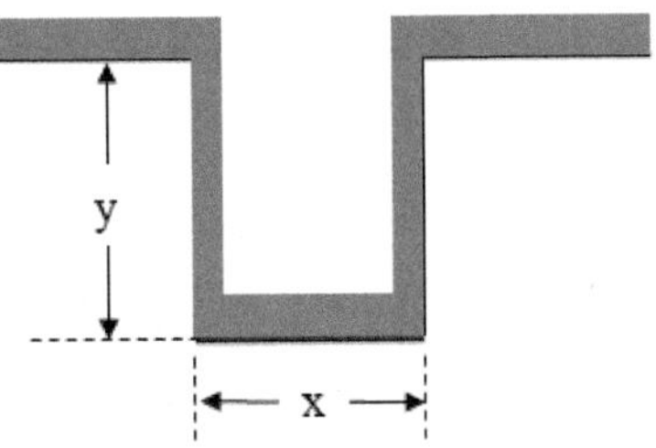

[그림 3.23] Aspect Ratio

② 층덮힘(Step Coverage)
층덮힘은 단차가 있는 하부층에 대해 박막 형성 시 윗면 대비 측면의 증착 두께에 대한 비율이며, 층덮힘 비율이 1에 가까울수록 층덮힘이 좋다고 말한다. Aspect Ratio가 클수록 층덮힘은 좋지 않아지며 단차의 턱 부분이 먼저 증착이 되므로 측벽보다 더 두껍게 증착되어진다. 이를 Overhang이라고 한다. 깊은 Contact 홀의 경우 Overhang에 의해 홀이 완전히 매립되지 않아 Void가 형성되는 경우도 있다.

[그림 3.24] 층덮힘

2) CVD 막의 용도

CVD에 의해 형성되는 SiO_2, $Si_xO_yN_z$, Si_3N_4 등의 절연막은 칩 제조에서 다음과 같은 목적으로 사용된다.

① 두 도전체 사이의 층간 절연막
② 커패시터 유전막
③ 평탄화를 위한 막
④ 칩 완성 후의 보호막(Passivation)

또한 트랜지스터의 게이트 전극으로 사용하는 Poly Si, Contact 홀을 매립하는 텅스텐(W)막이 CVD에 의해 증착된다.

3) CVD 공정의 분류 및 막 성장

CVD 법의 종류는 다음과 같이 분류된다.

① 공정 압력에 따라
㉠ 저압 CVD(LPCVD, Low Pressure CVD)
㉡ 대기압 CVD(APCVD, Atmospheric Pressure CVD)

② 반응 에너지원에 따라
㉠ 플라즈마 CVD(PECVD, Plasma Enhanced CVD)
㉡ 열 플라즈마 CVD(Thermal CVD)
㉢ 광 CVD(Photo CVD)

③ 원료 물질에 따라
㉠ 유기화합물 CVD(MOCVD, Metal Organic CVD)가 있다.

그림 3.27에 LPCVD 장비의 구조 예를 나타내었다.

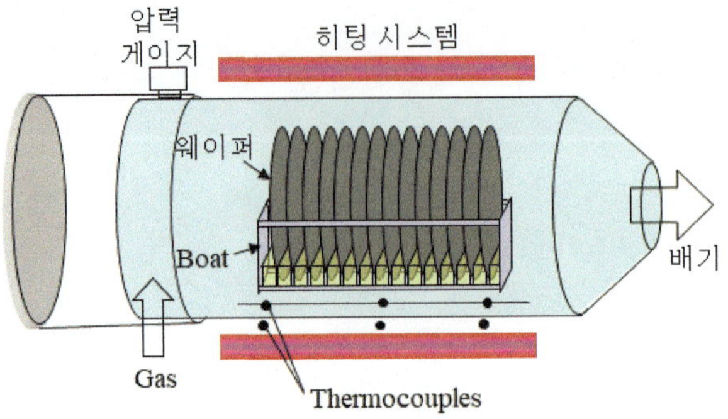

[그림 3.25] LPCVD 챔버 개략도

4) LPCVD 공정

절연막 형성 시 주로 사용하는 방법으로 LPCVD 공정을 이용한다. LPCVD 공정을 이용하여 증착하는 막의 종류로는 주로 SiO_2, Poly Si, Si_3N_4이다. 여기에서 SiO_2는 층간 절연막으로 주로 사용하며, Poly Si는 트랜지스터의 게이트로 사용되고, Si_3N_4는 알칼리 이온의 침투를 방지하는 보호막, 선택적 식각을 위한 방지막 등으로 사용된다. LPCVD 공정의 장점은 다음과 같다.

① 정확한 화학 조성 조절이 가능하다.
② 막의 두께 및 저항의 균일성이 우수하며 막질이 우수하다.
③ 동시에 많은 웨이퍼 처리가 가능하다.
④ 저온 공정이 가능하다.

(4) SiO_2 막의 형성 방법 및 특징

SiO_2막은 열산화 및 CVD, 두 방법으로 성장시킬 수 있으나 성장 방법, 길러진 막의 성질 등에서 큰 차이가 있다.

1) 열산화막

높은 온도에서 길러지며 산화막의 Si 성분은 웨이퍼에서 제공된 것으로 웨이퍼와 산화막의 친화력이 우수하며 안정한 Si-SiO_2 계면을 형성한다. 또한 막질이 치밀하고 우수하다.
Si 웨이퍼와 직접 맞닿아 성장되는 게이트 산화막은 열산화막이다.

화학 반응식은 다음과 같다.

$$\text{건식 산화}: Si(s) + O_2(g) \rightarrow SiO_2(s)$$
$$\text{습식 산화}: Si(s) + H_2O(g) \rightarrow SiO_2(s) + 2H_2(g)$$

2) CVD 산화막

비교적 저온에서 길러지며 산화막의 Si 성분은 가스로 공급된 것으로 막 성장 시 두께 등의 제어가 쉽다. 막질은 치밀하지 못하다. CVD 산화막은 불순물(Dopant)의 유무에 따라 순수한 SiO_2 성분만이 존재하는 Undoped Oxide와 B, P 같은 불순물이 포함된 Doped Oxide로 나눌 수 있다.

Doped Oxide의 대표적인 것은 BPSG(Borophospho Silicate Glass)로 금속막 형성 전에 평탄도를 높이기 위해 사용된다.

화학 반응식은 다음과 같다.

$$SiH_4(g) + O_2(g) \rightarrow SiO_2(s) + 2H_2(g)$$

2 최신 Diffusion 공정

(1) ALD 공정 기술

1) ALD 공정의 필요성

반도체 소자의 소형화 및 박막 공정의 미세화로 인해 기존의 CVD 공정 방법으로는 어려운 증착 공정을 원자층 증착(ALD, Atomic Layer Deposition) 공정으로 해결하고 있다.

2) ALD 공정이란?

원자 단위의 박막을 저온에서 한 층씩 증착할 수 있는 공정이다. ALD 공정은 두 가지 이상의 반응 기체를 각각 번갈아가며 펄스형으로 주입하고 각 펄스 사이에는 N_2 가스 또는 Ar 가스 등과 같은 불활성 가스로 퍼지(Purge) 후 증착한다.

$$AX(g) + BY(g) \rightarrow AB(s) + XY(g)$$

두 가지 가스(AX, BY)의 공급 주기를 달리하여 반복해 원하는 고체막(AB)을 형성한다. 먼저 AX 가스를 공급하여 기판에 흡착시킨 후 잔류 AX 가스는 불활성 가스로 완전히 퍼지한 후, 다음으로 BY 가스를 공급해 증착시킨다. 이후 잔류한 BY 가스도 퍼지하여 제거한다.

ALD에 의한 박막은 박막의 치밀도가 좋고 핀홀이 없어 주로 게이트 절연막이나 DRAM의 커패시터 유전체 막으로 사용된다. 일반적으로 막의 증착 두께는 10~50Å 증착 시 사용되며, 증착 시 균일도(Uniformity)는 1Å 이내로 조절 가능하다.

3) ALD 공정의 장 · 단점

① 장점

㉠ 매우 얇은 막을 형성할 수 있다.
㉡ 박막의 치밀도가 좋으며 박막 성장 제어가 가능하다.
㉢ 정밀하고 정확한 박막의 두께 형성에 유리하다.
㉣ 층덮힘 및 두께 균일도가 우수하다.

② 단점

㉠ 증착 속도가 느려 생산성이 낮다.
㉡ 가스 소모량이 많다.

(2) 최신 Diffusion 공정 개발 사항

① 최신 트랜지스터 제조 기술과 DRAM의 커패시터를 만드는 공정에서 확산 공정에 대한 요구사항으로는 첨단 공정 기술의 확보 및 기술적 한계를 뛰어넘어야 하는 과제를 가지고 있다. 공정 기술 확보 차원에서 두께 균일도 확보, 결함 개선 등이 필요하며, 저온 증착 공정 확보 및 양질의 산화막 공정 등 장비 기술의 향상이 필요하다.

② 반도체 공정 진행 시 배선과 배선 사이는 절연막으로 채워 넣어야 하는데 이때 공간(Void) 없이 채워져야 한다. 이를 간극 채움(Gap Fill)이라고 하며 이 특성은 매우 중요한데 Void가 발생 시 후속 공정에서 패터닝할 때 문제를 유발하기 때문이다. 이러한 문제를 해결하기 위해 절연막 증착 기술인 원자층 증착 방식과 액체를 도포하는 SOD(Spin On Dielectric) 증착 방식 등이 연구 개발되고 있다.

학습문제 제3장 3. Diffusion 공정

01 열확산 공정에 대하여 설명하시오.

02 열확산 공정이 진행되는 두 단계에 대하여 설명하시오.

03 실리콘 집적회로 제작에서 산화층의 주된 역할이 아닌 것은?

① 확산 공정에서의 보호 및 차단막의 역할
② 층간 연결 역할
③ 전기적인 절연 및 유전막 역할
④ 소자간의 격리 역할

04 열산화 공정은 (　　)가스를 주입하여 산화막을 성장시키는 건식 산화와 (　　) 수증기를 사용해 산화막을 형성시키는 습식 산화로 구분된다.

05 결정 방향 (111)면 웨이퍼가 (100)면 웨이퍼보다 산화막 성장 속도가 빠른 이유에 대하여 설명하시오.

06 CVD는 (C　　　　V　　　　D　　　　)의 약자이며 이에 대해 간단히 설명하시오.

07 단차가 있는 하부층에 대해 박막 형성 시 윗면 대비 측면의 증착 두께에 대한 비율을 무엇이라 하는가?

① Aspect Ratio　　② Step Coverage
③ Diffusion　　④ Overhang

08 LPCVD에 의해 증착하는 막의 종류는 어떤 것들이 있는가?

09 SiO_2를 형성할 수 있는 두 가지 공정 방식은 무엇인가?

10. ALD 공정에 관해 설명하시오.

SECTION 04

Ion Implant 공정

제3장 반도체 단위공정

1 Ion Implant 공정의 이해

(1) Ion Implant(이온주입) 공정이란?

n형 또는 p형 반도체를 만들기 위해 불순물을 주입하는 공정으로 열확산법과 이온주입법이 있다. 불순물 주입공정은 웨이퍼의 Si 기판, Poly-Si 등에 붕소(B) 또는 인(P) 등을 주입한다.

(2) 이온주입 공정의 특징

이온화된 원자 또는 분자를 일정한 에너지로 가속해 Si 기판 또는 Poly Si에 주입함으로써 원하는 곳에 이온을 주입하여 전도 특성을 변화시킨다.

1) 열확산법과 비교해 이온주입법이 가지는 특징

① 불순물의 양과 주입 깊이를 정확히 조절할 수 있다.
② 측면 확산이 적어 정밀한 불순물 영역을 만들 수 있다.
③ 상온에서도 공정이 가능하다.
④ 도핑 균일성이 뛰어나다.
⑤ 작업 처리량이 떨어진다.
⑥ 장비가 복잡하고 비싸다.

2) 이온주입 및 격자 손상

가속된 불순물 이온은 웨이퍼 내로 주입되면서 Si 격자와 충돌해 그 에너지를 잃게 되면서 정지하게 된다. 이 과정에서 Si 내부 구조에 충돌로 인한 격자 결함이 발생하게 되고 실리콘 기판이 비정질화되기까지 한다. 이로 인해 실리콘 손상 및 불규칙한 결함을 형성하여 소자 특성을 열화시킨다.

이러한 실리콘 손상 및 결함은 이온주입이 끝난 후 열처리(Annealing)를 통해 치유해 주며, 이온주입 후 불순물 농도의 분포, 즉 도핑 프로파일(Doping Profile)은 Gaussian 분포를 갖는다.

3) 채널링 현상(Channeling Effect)이란?

아래의 그림은 Si(100) 웨이퍼의 결정구조를 위에서 본 모습을 보여 주고 있다. 이온주입 시 이온이 Si 결정축 방향의 원자 배열 사이로 주입되면 Si의 결정구조에 의해 충돌 확률이 작게 되어 Gaussian 분포보다 더 깊게 주입되게 되는데 이를 채널링 현상이라고 한다.

이를 방지하기 위해 이온주입 시 Tilt 및 Twist 각을 조절하기도 한다. 이온주입 시 이온 빔의 수직 방향을 7° 또는 9°의 각도로 Tilt하고, 실리콘 기판을 회전하여 진행한다. 또는 얇은 SiO_2 막을 형성시킨 후 이온 주입하게 되면 채널링 현상을 감소시킬 수 있으며, 산화막이 이온주입 에너지의 충격을 막아주어 손상을 방지할 수 있다.

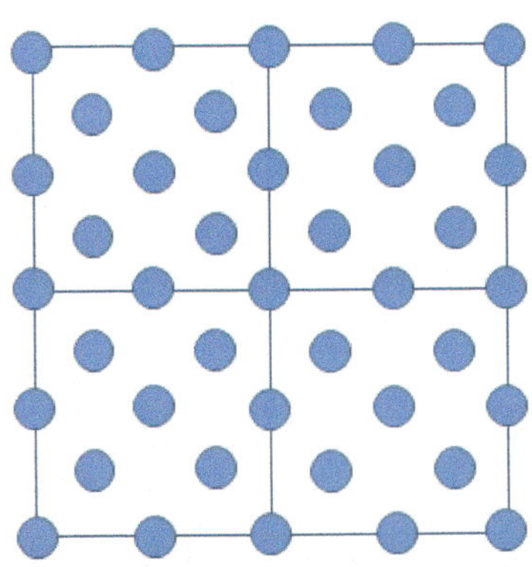

[그림 3.26] Si(100) 웨이퍼의 결정구조

4) Shadow Effect

이온주입 시 패턴이 있는 상태에서 Tilt 하여 공정을 진행하게 되면 패턴의 입체적인 구조에 의해 이온주입이 되어야 할 영역에 이온주입이 되지 않거나, 이온주입이 되지 않아야 할 영역이 이온 주입되는 현상이 발생한다. 이를 Shadow Effect라고 한다. 이러한 Shadow Effect 현상은 이온주입의 정확성을 떨어뜨려 소자의 특성을 저하시키는 영향을 미친다.

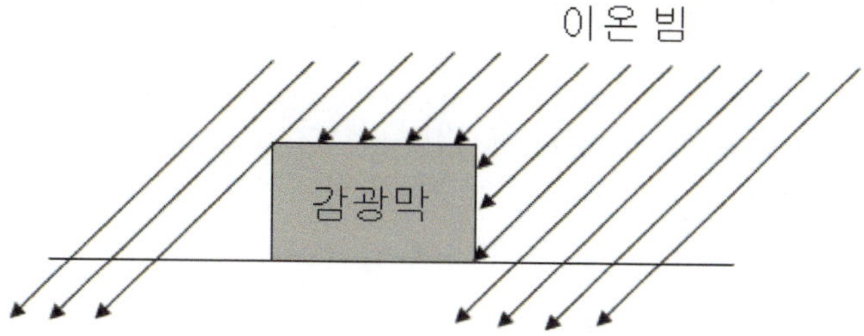

[그림 3.27] Shadow Effect

5) Halo Implant

트랜지스터 크기가 점차 감소함에 따라 소스와 드레인간 채널 길이가 짧아지고 소스와 드레인이 기판과 만나는 접합면에서의 공핍층의 확장으로 인해 누설 전류가 증가하는 단채널 현상(Short Channel Effect)이 발생한다. 이를 방지하기 위해 Halo Implant를 진행하는데 Halo Implant는 이온주입 시 45° 내외로 기울여서 이온 주입함으로써 아래의 그림과 같이 N-/N+가 P형 기판과 만나는 접합면 아래에 P형 불순물을 이온 주입하여 Short Channel 현상을 감소시킨다.

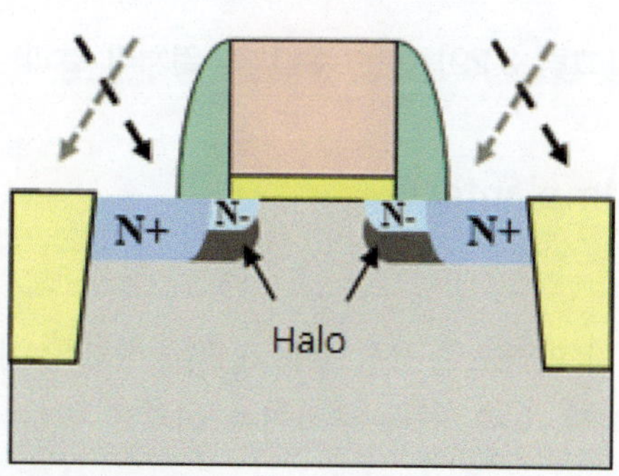

[그림 3.28] Halo Implant

6) 이온주입 후 열처리 공정(Annealing)

이온 주입할 때 주입된 불순물은 웨이퍼의 Si 원자를 자기 자리에서 이탈시켜 Si 표면을 비정질화시키며 웨이퍼에 손상을 주게 된다.

이온주입 후 고온의 노(Furnace)에서 열에너지로 열처리하면 결함 치유 및 손상을 완화하고 불순물을 추가로 확산시킨다. 또 다른 방법으로 급속 열처리 공정(RTA, Rapid Thermal Anneal)을 통해 수십 초 내외로 열공정을 진행한다.

급속 열처리 공정에 의해 불순물은 측면 확산이 발생하게 되는데 이에 따른 제어가 필요하다. 측면 확산을 방지하기 위해서 RTA의 온도 상승률을 개선하고 열처리 공정 시간을 최소화하는 Flash 열처리와 Laser 열처리와 같은 공정이 도입되고 있다.

Flash 열처리는 섬광처럼 매우 짧은 시간에 열처리를 진행함으로써, 원하는 공정 온도에 극히 짧은 시간만 노출시키는 공정이다. Laser 열처리는 Laser 열원을 Scanning 방식이나 Shot 방식으로 이용하고 있다.

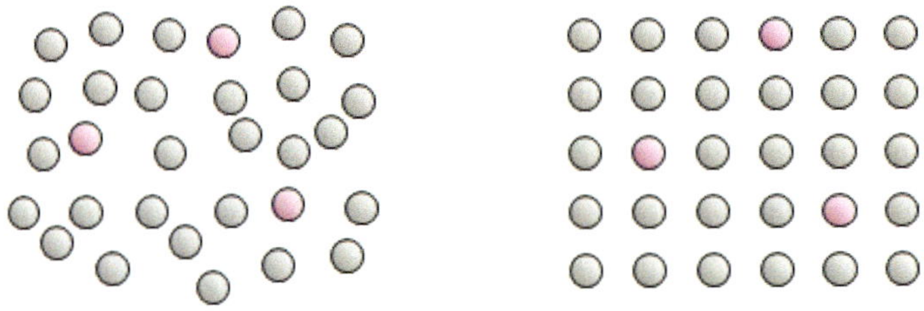

(a) 열처리 전　　　(b) 열처리 후

[그림 3.29] 이온 주입 후 열처리 효과

(3) 이온주입 장비(Ion Implanter)

1) 이온 주입 장치의 구성

이온주입 장치는 크게 세 가지 영역으로 구성된다. 불순물 가스를 이온화시킨 후 이온에 에너지를 인가하는 이온 Source 영역, 이온 질량 분석기를 이용해 원하는 이온을 선별하고 원하는 이온주입 깊이로 주입시키기 위해 가속화시키는 Beam Line 영역 그리고 이온 빔을 웨이퍼에 주입될 수 있도록 각도를 조절해 스캔하는 End Station 영역으로 구성된다.

Source 영역에서 생성한 이온 에너지의 크기는 가속 전압에 의해 결정되며 이에 따라 접합 깊이가 형성된다. 그리고 이온의 불순물 농도는 단위 면적당 주입되는 이온의 양으로 결정된다.

[표 3.5] 이온주입 장치 영역별 역할

구분	이온 Source 영역	Beam Line 영역	End Station 영역
역할	- 이온 생성	- 원하는 이온만 걸러냄	- 이온 빔의 분산 및 방향 조절
	- 이온에 에너지를 인가	- 이온의 가속화	- 이온 빔 스캔

2) 이온주입에 사용되는 파라미터

① 에너지는 가속된 이온이 가지는 에너지로서 통상 keV~MeV의 단위를 사용한다.

② R_P(Projected Range)는 Si 표면에서 불순물 농도를 갖는 곳까지의 거리를 나타내는 정지거리로 이온주입 에너지에 비례한다.

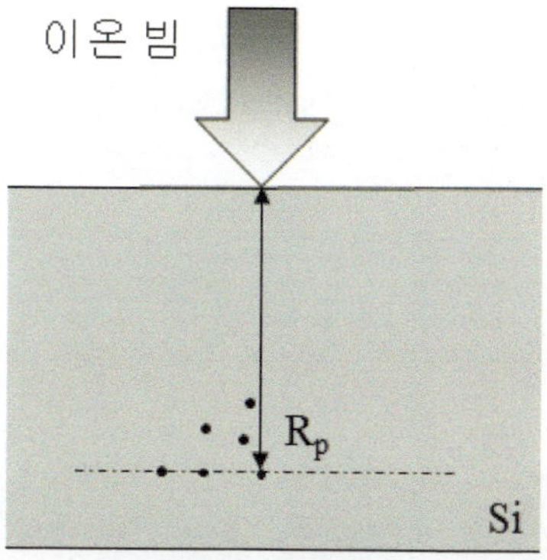

[그림 3.30] 이온주입 시 R_P

③ 도우즈(Dose)는 단위 면적(㎠)당 입사된 이온의 개수로써 주입된 불순물 양을 나타낸다.

2 최신 Ion Implant 공정

(1) 최신 Ion Implant 공정 개발 사항

1) Cold 이온주입

Cold 이온주입 기술은 이온주입 시 실리콘 기판을 잡아주는 정전척(ESC, Electro Static Chuck)에 냉각수를 이용해 상온보다 낮게 온도를 조절하여 불규칙한 손상을 줄일 수 있는 기술이다. 또한 이온 주입공정에서 불규칙하게 진행되는 이온 채널링(Channeling) 현상을 Cold ESC를 적용함으로써 개선할 수 있다.

2) 플라즈마 도핑(Plasma Doping)

최근 플라즈마 도핑 기술은 얕은 깊이에 고농도 주입이 필요한 폴리 게이트 도핑이나 Contact 영역의 저항 감소를 위해 사용되고 있다.

플라즈마 도핑은 챔버 내에서 이온주입을 위한 플라즈마를 형성시키고 대상이 되는 웨이퍼에 필요한 에너지를 인가하여 '+' 전하로 하전된 이온이 끌어당기는 형식의 도핑이다.

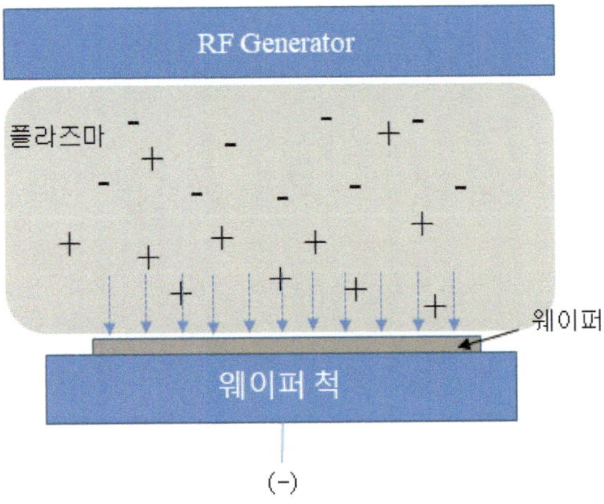

[그림 3.31] 플라즈마 도핑의 개략도

학습문제

제3장 4. Ion Implant 공정

01 이온화된 원자 또는 분자를 일정한 에너지로 가속해 Si 기판 또는 Poly Si에 주입하는 공정을 (ㅇ ㅇ ㅈ ㅇ)공정이라고 한다.

02 이온주입법에 대한 설명으로 옳지 않은 것은?

① 열에너지를 이용하여 불순물을 확산시킨다.
② 불순물 원자를 이온 상태로 가속시켜 실리콘 기판에 주입시킨다.
③ 불순물의 위치와 분포를 정확히 조절할 수 있다.
④ 물리적인 주입법으로 기판에 이온의 물리적 충돌이 있다.

03 열확산법과 비교해 이온주입법의 장점에 대하여 설명하시오.

04 이온주입 시 가속된 이온은 웨이퍼 내로 주입되면서 Si 격자와의 충돌로 격자 결함이 발생하게 되고 실리콘 기판이 비정질화되기까지 하는데 이를 치유하기 위해 이온주입이 끝난 후 (ㅇ ㅊ ㄹ)를 한다.

05 이온주입 시 채널링 현상을 방지하는 방법은 무엇인가?

06 Halo Implant에 관해 설명하시오.

07 이온의 불순물 (ㄴ ㄷ)는 단위 면적당 주입되는 이온의 양으로 결정되며, 불순물의 깊이를 조절하기 위해서는 이온의 가속 (ㅇ ㄴ ㅈ)를 조절해야 한다.

08 이온주입 시 Si 표면에서 불순물 농도를 갖는 곳까지와 거리를 나타내는 것으로 정지거리를 말하는 것을 무엇이라 하는가?

SECTION 05 Thin Film 공정(CVD 공정)

1 Thin Film 공정(CVD 공정)

(1) CVD(Chemical Vapor Deposition) 공정이란?

Chemical Vapor Deposition(화학적 기상 증착법)의 약자로, 진공 챔버 안으로 반응성 가스를 주입하여 화학반응을 일으키게 함으로써 기판 위에 원하는 증착막을 형성시키는 기술이다. 반도체 공정에서 절연막 또는 금속막을 형성시킬 때 대표적으로 사용하는 증착 방법이다.

CVD 공정에 대해 이전 장의 Diffusion 분야에서도 그 일부 내용을 다루었으며 본 절에서는 그 내용을 포함하여 전체적인 내용으로 기술하였다.

1) CVD 특징

CVD의 일반적인 특징으로는 크게 아래의 세 가지를 들 수 있다.

① 다양한 물질에 대해 다양한 형태로 증착시킬 수 있다.
② 고순도 및 고품질의 박막을 얻을 수 있다.
③ 공정의 정밀한 제어가 가능하다.

2) CVD 증착 원리

증착할 물질을 챔버 내부로 가스 형태로 주입하면, 화학적 반응으로 증착 되어질 물질이 생성 또는 분리돼, 웨이퍼 기판 표면 증착이 이루어진다. 아래의 그림은 CVD 반응의 원리를 도식화한 그림이며, 증착 과정을 단계적으로 설명하면 다음과 같다.

① 반응 가스의 주입
② 박막 전구체 형성
③ 박막 전구체의 기판 표면으로의 이동
④ 기판 표면 흡착
⑤ 표면과의 화학반응
⑥ 박막 증착
⑦ 미반응 부산물 배기

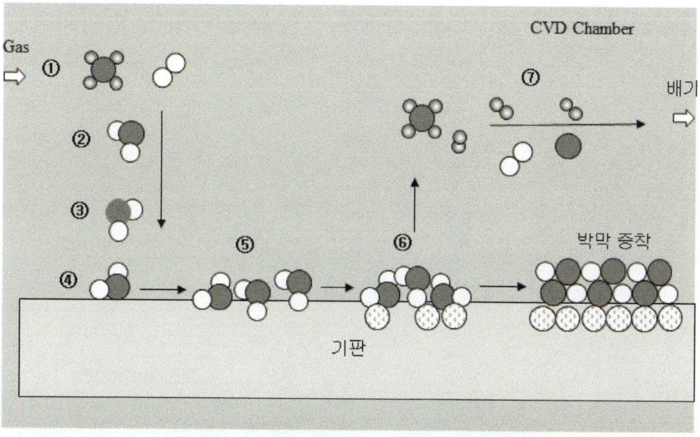

[그림 3.32] CVD 반응 메커니즘

(2) CVD 공정의 분류

1) CVD 법의 종류

① 공정 압력에 따라

㉠ 저압 CVD(LPCVD, Low Pressure CVD)

㉡ 대기압 CVD(APCVD, Atmospheric Pressure CVD)

② 반응 에너지원에 따라
   ㉠ 플라즈마 CVD(PECVD, Plasma Enhanced CVD)
   ㉡ 열 플라즈마 CVD(Thermal CVD)
   ㉢ 광 CVD(Photo CVD)

③ 원료 물질에 따라
   ㉠ 유기화합물 CVD(MOCVD, Metal Organic CVD)

2) 주요 CVD 시스템 개략도 및 종류

CVD는 증착 조건에 따라 여러 종류의 CVD 증착 기술이 개발되었다.

① 플라즈마 화학적 기상 증착법(PECVD, Plasma Enhanced Chemical Vapor Deposition)
진공 챔버 안에 RF 교류 전압을 인가하여 플라즈마 상태를 만들고 특정 가스를 흘려 이온화하여 증착될 물질의 분리 및 생성으로 기판에 박막을 증착하는 방법이다. 반응 메커니즘은 다음과 같다.

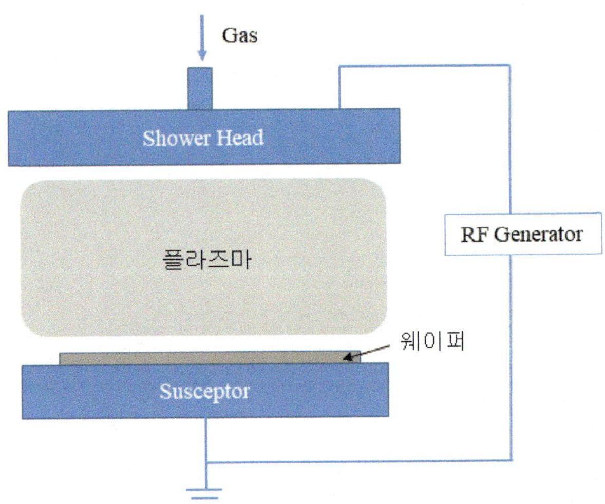

[그림 3.33] PECVD 장비 개략도

㉠ 반응실에 도입된 가스는 샤워 전극(Shower Electrode)에 의해 균일하게 분산된다.
㉡ RF 전원에 의해 샤워 전극과 서셉터(Susceptor) 간에 반응 가스는 플라즈마 상태로 활성화된다.

ⓒ 활성화된 반응물질은 히터에 의해 가열된 웨이퍼에 박막을 형성한다.
ⓓ 반응 부산물과 미반응 가스는 진공 펌프를 통해 챔버 밖으로 배출된다.

PECVD의 장점으로는 저온(200~400[℃])에서 진행 가능하며, 공정 시간이 비교적 짧고 층덮힘이 좋다.

② 저압 CVD(LPCVD, Low Pressure CVD)는 저압 화학 기상 증착법
반응 챔버 용기 내부의 압력을 저압(0.1~100[Torr])으로 유지한 후 열에너지에 의해 화학반응을 이용하면 박막이 증착되는 방법으로 고품질 박막을 형성시키는데 효과적인 방법이다. LPCVD에 대한 내용을 앞장에서도 설명하였으니 참조하면 된다.

③ 상압 CVD(APCVD, Atmospheric Pressure CVD)
상압 화학 기상 증착법은 대기압(760[Torr])과 유사한 압력에서 기판에 가해진 열에너지를 이용한 화학반응으로 물질을 증착하는 방법으로 높은 증착 속도를 얻을 수 있다. 시스템에서 반응기는 모든 웨이퍼에 최적의 반응물 기체를 흘려주도록 설계되어 있다.

④ 이 밖에 대기압보다 고압에서 열 증착을 수행하는 고압 CVD(HPCVD, High Pressure CVD), 금속막을 효과적으로 증착할 수 있는 유기화합물 CVD(MOCVD, Metal Organic CVD) 등도 있다.

⑤ 고밀도 플라즈마 CVD(HDP CVD, High Density Plasma CVD)
소자 집적도의 향상으로 절연 특성과 함께 간극 채움(Gap Fill) 특성은 더욱 요구되고 있다. 좁고 깊은 간극에 산화막 등이 초기에 증착될 때 Overhang 현상에 의해 간극이 더 이상 채워지지 않고 빈 공간(Void)이 발생하게 되는데 이 현상을 극복하기 위한 공정이 고밀도 플라즈마 CVD 공정이다.
HDP CVD는 막의 증착에 필요한 가스와 막의 스퍼터 식각(Sputter Etch)에 필요한 가스가 동시에 같은 챔버에 유입되기 때문에 증착과 식각이 동시에 일어난다. 예를 들어 산화막 증착의 경우 $SiH_4/O_2/Ar$를 Source Gas로 사용하는데 SiH_4/O_2는 증착 가스로써 사용되고 O_2는 Ar Gas와 함께 Etch Gas로 사용된다.

다음은 HDP CVD 증착 공정을 그림과 함께 순서대로 설명하였다.

㉠ 초기에 증착된 막의 상부 Overhang 부분을 Ar 입자로 스퍼터 식각하여 개구부를 열어준다.
㉡ 다시 증착하고 식각하여 Overhang 부분을 깎아준다.
㉢ 증착 - 스퍼터 식각 - 증착 과정을 반복 진행하여 빈 공간 없이 간극을 채운다.

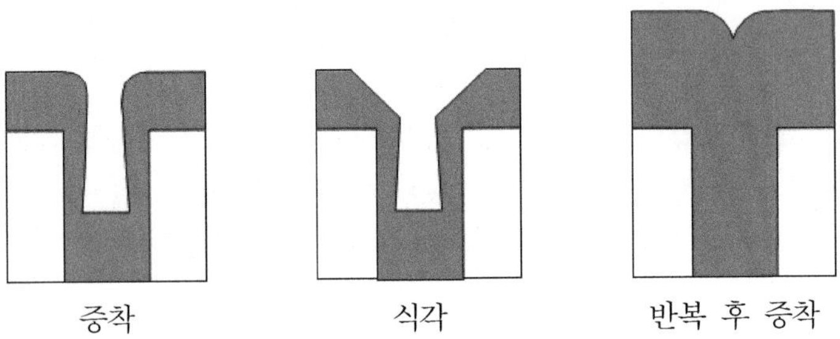

[그림 3.34] HDP CVD 증착 방법

(3) CVD에 의한 증착 박막

1) 산화막의 형성

반도체 공정에서 배선과 배선 사이, 층과 층 사이에는 전기를 통하지 않게 하도록 절연막 형성을 한다. 일반적으로 산화막인 SiO_2 막이 주로 사용된다. CVD에 의한 산화막의 특징은 다음과 같다.

① 열산화막에 비해 증착 속도가 빠르며 비교적 저온에서 성장된다.
② 산화막의 Si 성분은 가스로 공급된다.
③ 막 성장할 때 두께 등의 제어가 쉽다.
④ 막질은 치밀하지 못하다.
⑤ 불순물의 유무에 따라 Undoped Oxide와 Doped Oxide로 나눈다. Doped Oxide의 대표적인 것은 BPSG(Borophospho Silicate Glass)가 있으며, B, P와 같은 불순물이 포함되어 있다.

화학 반응식은 다음과 같다.

$$SiH_4(g) + O_2(g) \rightarrow SiO_2(s) + 2H_2(g)$$

2) 질화막의 형성

질화막은 유전막, 절연막, 보호막 등으로 사용이 되고 있다. 고온에서 진행 시 열적 스트레스에 의한 박막의 필링(Peeling), 크랙(Crack) 등 결함이 발생하기도 하는데, 이와 같은 현상이 발생하지 않도록 큰 노력을 기울이고 있다.

화학 반응식은 다음과 같다.

$$3SiH_2Cl_2 + 4NH_3 \rightarrow Si_3N_4 + 6HCl + 6H_2$$

3) Poly Si 형성

Poly Si는 트랜지스터의 게이트로 사용된다. 증착된 다결정질 실리콘 박막은 높은 저항을 갖는 저항체이지만, 용도에 따라 불순물을 도핑하여 사용한다. 고온에서 실란(SiH_4, Silane) 또는 다이실란(Si_2H_6, Disilane)을 튜브 내부에 흘려주어 열분해시키는 LPCVD 방법으로 증착한다. 증착 시 온도는 매우 중요한데 공정 온도에 따라 다양한 결정립(Grain Size) 크기를 얻을 수 있다.

화학 반응식은 다음과 같다.

$$SiH_4(g) \rightarrow Si(s) + 2H_2(g)$$
$$Si_2H_6(g) \rightarrow 2Si(s) + 3H_2(g)$$

4) 텅스텐 형성

현재 CVD를 이용해 형성되는 대표적 금속막으로는 텅스텐(W)이 있다. 텅스텐은 Contact Plug 재료로 많이 사용되고 있으며 텅스텐 플러그(Tungsten Plug) 기술은 좁은 Hole에 LPCVD 방법으로 텅스텐을 채워 넣는 우수한 층덮힘과 매립 특성을 나타낸다. 이는 최근 집적회로의 디자인 룰이 줄어들면서 Contact, Via Hole의 사이즈 또한 점점 좁아지고 깊어져 물리적 기상 증착법(PVD, Physical Vapor Deposition) 방법의 하나인 스퍼터링(Sputtering) 공정으로는 Hole에 금속막을 채워넣기 어려운 문제점을 해결하고 있다.

텅스텐은 아래의 반응식과 같이 WF_6를 수소로 환원시키는 방법으로 증착한다.

$$WF_6 + 3H_2 \rightarrow W + 6HF$$

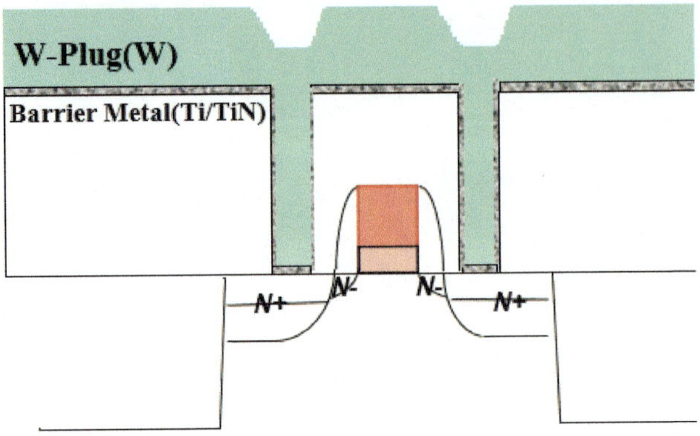

[그림 3.35] 텅스텐 증착

2 최신 CVD 공정

(1) 최신 CVD 공정 개발 사항

최근 구리 배선 간의 간격이 줄어듦에 따라 배선 간 Coupling 커패시턴스의 증가로 RC 지연(RC Delay)이 유발되고 있으며 이를 해결하기 위해 저 유전 상수값(Low-k)을 가진 층간 절연막에 관한 연구가 지속되고 있다.

학습문제 제3장 5. Thin Film 공정(CVD 공정)

01 (C V D)는 (ㅎ ㅎ ㅈ ㄱ ㅅ ㅈ ㅊ ㅂ)의 약자로, 진공 챔버 안으로 반응성 가스를 주입하여 화학반응을 일으키게 함으로써 기판 위에 원하는 증착막을 형성시키는 기술이다.

02 CVD의 증착 과정을 순서대로 나열하시오.

03 진공 챔버 안에 RF 교류 전압을 인가하여 (ㅍ ㄹ ㅈ ㅁ) 상태를 만들고 특정 가스를 흘려 이온화하여 증착될 물질의 분리 및 생성으로 기판에 박막을 증착하는 방법을 (ㅍ ㄹ ㅈ ㅁ) 화학적 기상 증착법이라고 한다.

04 HDPCVD 공정이 필요하게 된 이유에 대하여 설명하시오.

05 HDPCVD 공정에 관해 설명하시오.

06 CVD에 의해 증착하는 막의 종류 및 그 용도에 대해 설명하시오.

07 CVD에 의해 증착하는 산화막은 열산화막에 비해 증착 속도가 (빠르다, 느리다).

08 LPCVD에 의한 방법으로 (ㅌ ㅅ ㅌ ㅍ ㄹ ㄱ) 기술은 좁은 Hole에 W을 채워 넣는 우수한 층덮힘과 매립 특성을 나타낸다.

SECTION 06 Thin Film 공정(PVD 공정)

1 Thin Film 공정(PVD 공정)

(1) PVD(Physical Vapor Deposition) 공정이란?

PVD(물리적 기상 증착법)란 증착하고자 하는 박막을 물리적인 방법으로 웨이퍼 위에 형성하는 공정이다. 증착 과정은 증착 재료의 증기화, 기판으로의 이동, 기판에서의 증착으로 이루어진다. 이 과정들은 화학적인 반응이 없이 이루어지므로 화학적 증착법에 대응하여 물리적 증착법이라고 한다. 그 방법에는 증발 증착(Evaporation)법과 스퍼터링(Sputtering) 법이 있다.

PVD법에 의한 박막 형성법은 저온 공정이고, 막과 기판과의 부착성이 좋으며 정확한 합금 성분 조절이 가능한 것 등의 특징을 가지고 있어 주로 Al, Ti, Co 등 금속막 공정으로 주로 배선 기술에 사용되고 있다.

(2) PVD 공정의 분류

1) Evaporation(증발 증착)법

진공상태(10^{-6}[Torr] 이하)에서 형성하고자 하는 금속 물질을 융점 이상의 온도로 가열하면 녹아서 증발을 일으키게 되어 증발된 입자가 기판 위에 증착되는 기술이다.

가열 방법에 따라 Filament Evaporation, Electron-Beam Evaporation으로 나눌 수 있다.

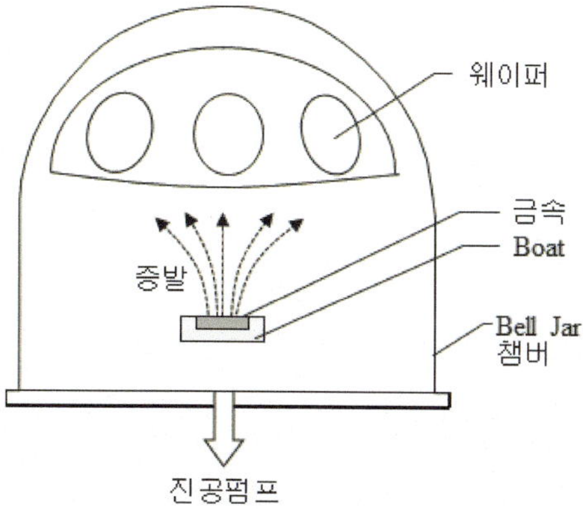

[그림 3.36] Evaporator 장비 개략도

2) Sputtering(스퍼터링)법

스퍼터링이란 높은 에너지의 입자가 금속 표면에 충돌하면 그 충돌 에너지에 의해 일부 원자들이 고체 표면에서 떨어져 나오는 데 이를 이용하여 증착하는 공정이다.

입사하는 이온의 운동에너지가 스퍼터링 되는 재료 표면의 결합 에너지보다 클 때 금속막 또는 절연막이 스퍼터링 되어 증착된다.

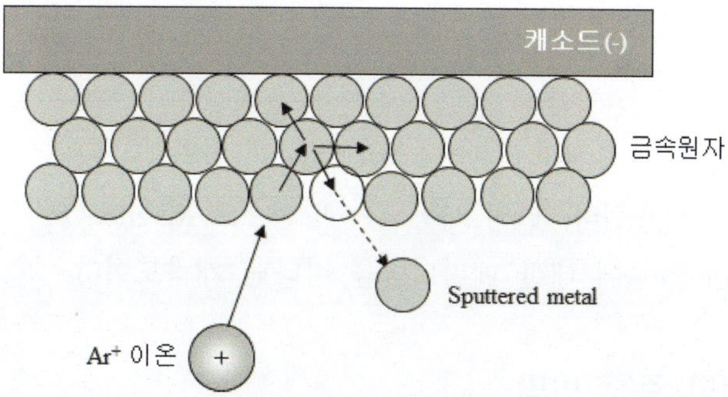

[그림 3.37] 스퍼터링

스퍼터링의 증착 원리는 그림에 나타낸 것과 같이 증착시키고자 하는 금속 물질로 이루어진 타깃과 기판(웨이퍼) 사이에 Ar 가스를 넣고 고전압을 인가하면 플라즈마가 발생하게 되는데 이때 양이온들은 전기적 에너지에 의해 가속되어 타깃에 충돌하게 되고 그 충격으로 떨어져 나온 원자들이 기판 위에 증착되게 되는 원리이다. 아래의 그림은 스퍼터링의 증착 메커니즘에 대해 순서대로 설명하였다.

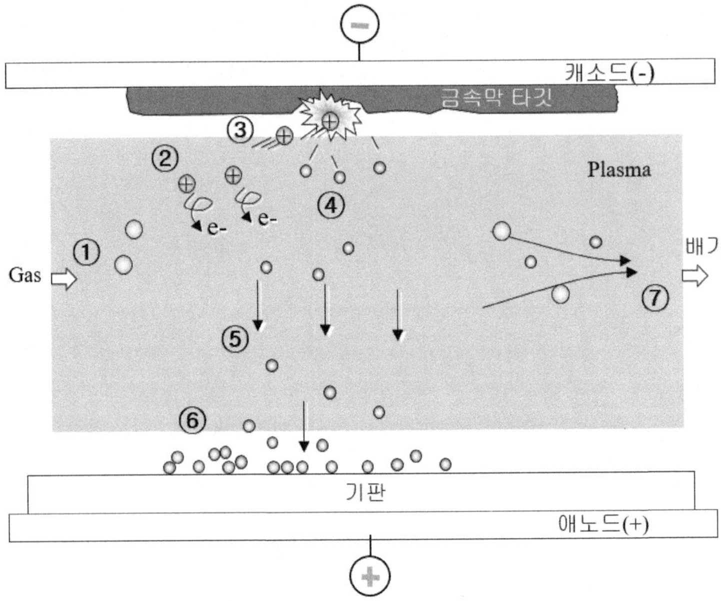

[그림 3.38] 스퍼터링 증착 메커니즘

① Ar 이온주입
② 전기장에 의해 Ar^+로 이온화
③ Ar^+이온의 금속막 타깃 충돌
④ 금속막 원자 탈착
⑤ 금속막 원자의 이동
⑥ 금속막 원자 증착
⑦ 미반응 부산물 배기

스퍼터링 법에는 Power의 종류에 따라 DC 스퍼터링, RF 스퍼터링 등이 있으며 금속막 형성에는 DC 스퍼터링 법이 사용된다. 널리 사용되는 방법으로 Magnetron 스퍼터링 법이 있다. 위의 그림은 DC Sputtering에 대한 메커니즘을 나타낸 개략도이다.

(3) 스퍼터링에 의한 증착 박막

일반적으로 스퍼터링에 의해 증착되는 막은 배선을 형성하기 위한 금속막으로써 소자에서의 Contact 연결, 소자 간의 연결, 칩과 외부회로와의 연결 등의 기능을 한다.

배선 재료의 금속막은 기본적인 특성을 만족하여야 하는데 첫째, 비저항이 낮아야 하며 둘째, 금속 배선 패턴 형성을 위해 식각이 쉬워야 한다. 그리고 감광막 및 층간 절연체와의 식각 선택비가 우수해야 한다.

이에 스퍼터링 법은 증발 증착법에 비해 층덮힘(Step Coverage)이 좋고, 합금의 경우 그 화학적 성분 변화 없이 증착할 수 있으며 실리사이드(Silicide), 고융점 금속을 증착할 수 있는 등 장점이 많아 현재 금속막 형성에서 가장 널리 사용되고 있다. 단점으로는 기판에 증착되는 에너지를 가진 입자에 의해 하지 층의 박막이 손상을 받을 수 있다.

1) 티타늄(Ti) 형성

Ti는 Contact 공정에서 금속막으로 연결 시 Si에 직접 접촉되는 접합 층으로 급속 열처리 공정(RTA, Rapid Thermal Anneal)공정을 통하여 티타늄 실리사이드($TiSi_2$)를 형성함으로써 접촉저항을 낮추는 역할을 한다.

2) Ti/TiN 형성

Ti/TiN은 알루미늄 또는 텅스텐의 아래층(Under Layer) 및 윗층 박막(Capping Layer)으로 사용되고 있다. Al 또는 W는 표면의 반사도가 크기 때문에 마스크 공정 시 난반사로 인한 감광막 패턴 불량이 발생할 수 있는데 이를 방지하기 위해 Capping Layer로써 사용된다. 또한 금속막 증착 전 접촉저항을 낮추고 확산 방지막의 역할을 하는 Barrier Metal로써 사용된다.

3) 알루미늄(Al) 형성

Al은 비저항이 약 2.7[$\mu\Omega \cdot cm$]로써 은, 구리, 금, 다음으로 낮은 비저항을 갖고 있으며 식각이 쉽다. 최근 금속 배선 공정으로 대부분 구리(Cu)를 사용하고 있으나 아직도 널리 사용되고 있다.

4) 텅스텐(W) 형성

Al로는 매립이 어려운 깊은 Contact 홀이나 후속 열공정 온도가 높은 Contact에 사용된다. W 형성공정은 CVD에 의한 방식과 스퍼터링에 의한 방식으로 나누어진다.

5) 코발트(Co) 증착

반도체 Contact Hole 사이즈가 점차 작아짐에 따라 $TiSi_2$의 저항 증가로 인해 $CoSi_2$ 공정 개발이 이루어지고 있다.

(4) 박막증착 공정 비교

아래의 표는 박막 증착 공정에 따른 장 · 단점을 비교하여 설명하였다.

[표 3.6] 박막 증착 공정에 따른 장 · 단점

종류	장점	단점
PVD	· 저온 공정 가능 · 박막의 품질 우수	· 박막 접착력이 좋지 못함 · 증착률이 낮음
CVD	· 박막의 접착력 우수 · 박막의 품질 우수	· 고온에서 공정 진행 · 박막 두께 조절의 어려움
ALD	· 박막의 층덮힘 우수 · 박막 두께 조절 용이	· 박막 성장 속도가 느림 · 공정 온도 제어의 어려움

2 금속막 공정

(1) Silicide 공정

실리사이드(Silicide)란 Si이 금속과 접촉되었을 때 열공정이 가해지면 금속이 Silicidation 되는 것을 말한다. 일반적으로 사용되는 금속막은 티타늄(Ti), 코발트(Co), 텅스텐(W)이 주로 사용된다. Silicide 공정을 진행하는 이유는 낮은 접촉저항 및 낮은 면저항을 확보하기 위해서다.

MOSFET에서 사용되는 트랜지스터의 단자들은 Metal1 Contact 형성 시 금속과 Si이 직접 연결되는데 금속-Si 접합은 높은 접촉저항으로 인해 소자의 특성을 저하시킬 수 있다. 이에 Silicide 물질을 만들어 낮은 비저항값으로 실리콘과 금속 사이에 접촉저항을 낮추어준다. 금속막 형성하기 전, 실리콘 사이에 두께가 얇은 확산 방지 금속(Barrier Metal)을 형성한 후 열처리하면 금속 성분이 실리콘과 반응하여 Silicide가 형성된다. 아래는 금속막의 반응식을 나타내었다.

$Ti + Si \rightarrow TiSi_2$ (티타늄 실리사이드)

$Co + Si \rightarrow CoSi_2$ (코발트 실리사이드)

$W + Si \rightarrow WSi_2$ (텅스텐 실리사이드)

보통 $TiSi_2$(티타늄 실리사이드)의 비저항은 13~25[$\mu\Omega \cdot cm$] 이며, $CoSi_2$(코발트 실리사이드)의 비저항은 10~18[$\mu\Omega \cdot cm$], WSi_2(텅스텐 실리사이드)의 비저항은 70[$\mu\Omega \cdot cm$] 이다.

(2) SALICIDE

1) 샐리사이드(SALICIDE)란?

SALICIDE란 Self Align Silicide의 약자로 자기 정렬 실리사이드란 뜻으로 마스크를 사용하지 않고 스스로 자기 정렬하여 Silicide 공정을 진행하는 것을 말한다.

2) SALICIDE 공정 순서

기존의 공정으로 트랜지스터의 각 단자인 게이트, 소스, 드레인 지역에 Silicide를 형성하기 위해서는 금속막을 증착 후 열처리하여 Silicide를 형성한 다음 각 단자 패터닝을 위한 마스크를 사용하여 감광막 공정 후 식각하여야 한다. 이때 식각 후의 패턴이 트랜지스터 각 단자 지역에 정확히 정렬되지 않아 금속막 패턴이 벗어 날 수 있으며, 이후 Contact 형성에서 접촉저항의 증가를 유발할 수 있다. 또한 감광막 공정을 추가해서 진행해야만 이 공정을 진행할 수 있다.

하지만 SALICIDE 공정은 이러한 정렬의 문제점을 해결하고 공정을 단순화할 수 있다. 다음은 SALICIDE 공정을 단계별로 나타내어 설명하였다.

[표 3.7] SALICIDE 공정 순서

공정 순서	설명
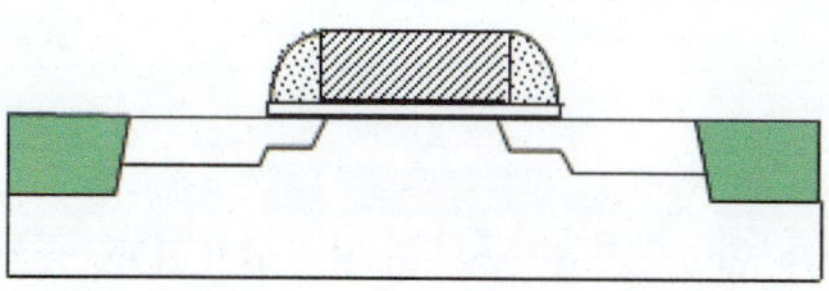	트랜지스터의 Spacer 산화막 및 소스와 드레인을 형성한다.
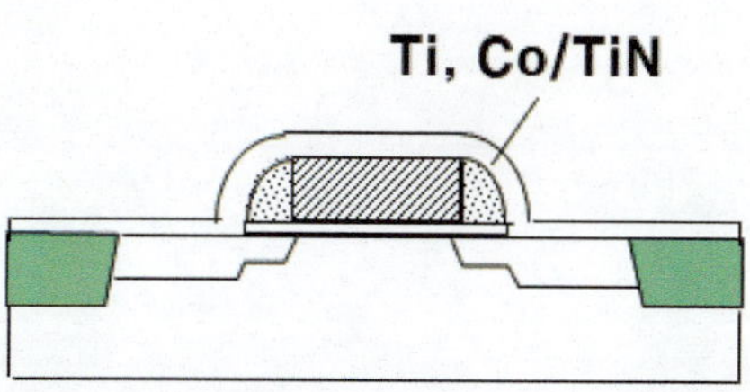	Ti 또는 Co/TiN을 증착한다. Co는 100[Å] 내외, TiN은 200[Å] 내외로 증착한다. Co는 공정 시 O_2와 반응하여 CoO_x 산화막을 만들기 때문에 TiN을 증착하여 O_2를 차단시킨다.

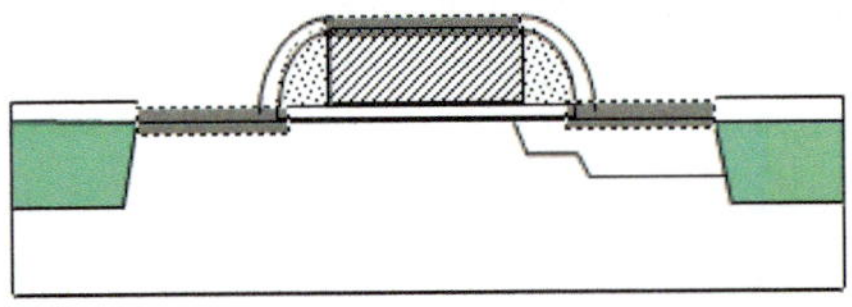	1차 급속 열처리(RTA, Rapid Thermal Anneal)를 500[℃], 60초 내외 진행하여 비저항이 높은 CoSi상을 만든다. Ti, Co/TiN 금속막은 Si과 반응하여 실리사이드를 형성하지만, STI 지역과 Spacer는 산화막이어서 반응하지 않는다. 이후 반응하지 않은 부분을 선택적으로 제거한다.
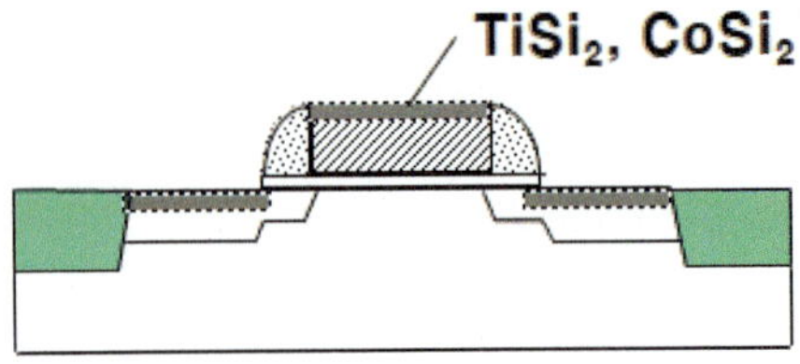	2차 급속 열처리를 800[℃], 30초 내외 실시하여 비저항이 낮은 $CoSi_2$ 상변이하여 안정화된다.

위의 공정을 통해 마스크를 사용하지 않고도 스스로 자기 정렬하여 트랜지스터의 게이트, 소오스, 드레인 지역에 Silicide 공정을 진행할 수 있음을 알 수 있다.

3) SALICIDE 공정의 적용

SALICIDE 공정을 적용하면 집적회로에서 속도를 빨리해야 하는 지역과 속도를 낮추어야 할 지역을 구분하여 공정을 진행할 수 있다. 일반적으로 속도를 빠르게 향상시켜야 할 지역은 Input/Output 쪽과 Pad 쪽 주변 신호선의 경우이며, 속도가 비교적 낮아도 되는 곳으로는 Cell 쪽 및 내부 회로의 경우이다. 이러한 경우 SALICIDE 공정을 이용하면 특성에 맞게 제조할 수 있다.

다음은 속도를 빨리 해야 하는 지역과 속도를 낮추어야 할 지역을 구분하여 SALICIDE 공정을 진행하는 단계를 나타내었다.

[표 3.8] SALICIDE 공정의 활용

공정 순서	설명
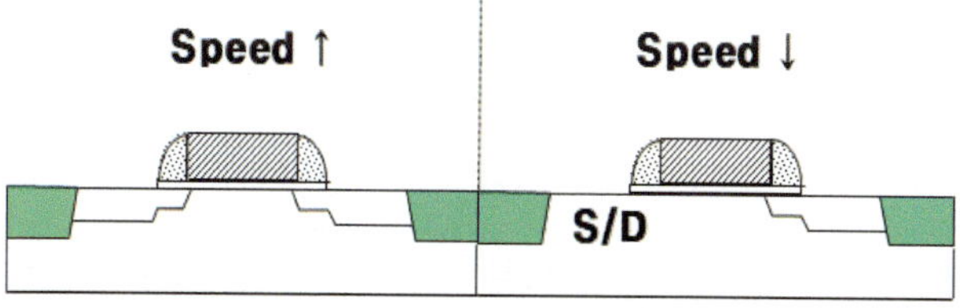	트랜지스터의 Spacer 산화막 및 소스와 드레인을 형성한다.
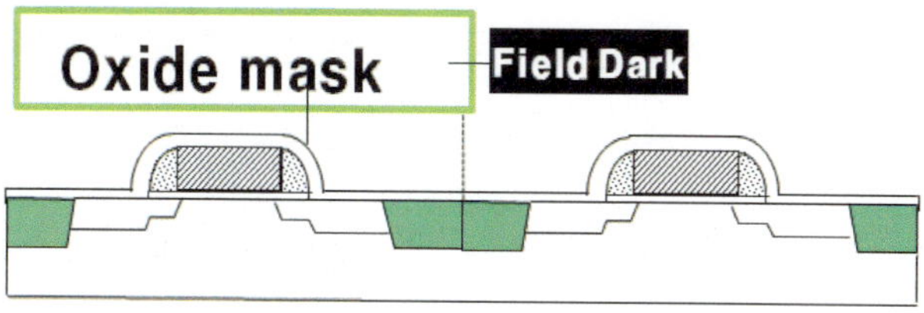	산화막을 증착한 후 Oxide Mask를 이용하여 속도를 빠르게 해주고 싶은 지역의 산화막을 식각한다. Oxide Mask의 Field Polarity는 Field Dark이다. 레이아웃한 지역의 감광막은 제거된다.
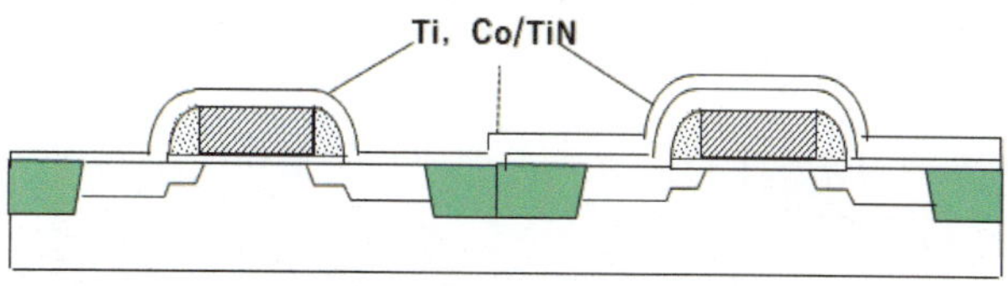	Ti 또는 Co/TiN을 증착한다.
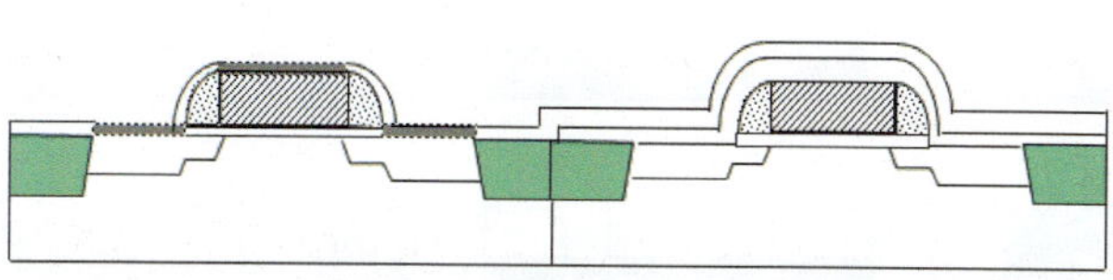	1차 급속 열처리를 진행하여 실리사이드를 형성시킨다. 산화막이 제거된 지역은 실리사이드를 형성하지만, 산화막이 남겨진 지역은 실리사이드가 형성되지 않는다.
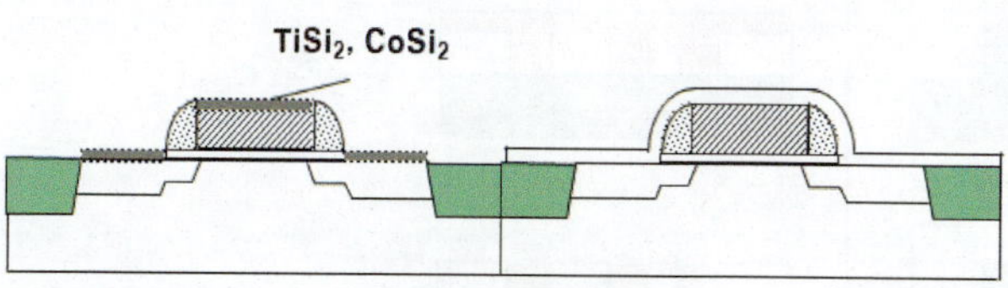	실리사이드가 형성되지 않은 미반응 지역의 금속막을 제거하면 속도를 향상시키고자 한 지역에만 실리사이드가 형성된다.
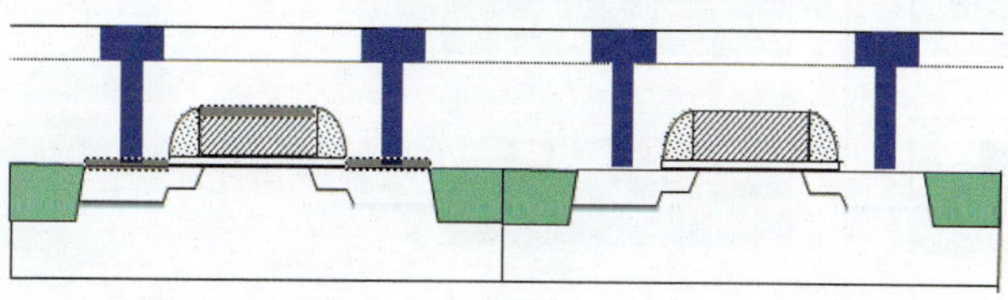	이후 Metal1 Contact 및 Metal1 공정을 진행한다

위의 공정과 같이 속도를 낮추고 싶은 지역은 트랜지스터 단자 위에 산화막을 형성하여 Silicide 공정이 되지 않게 진행하고, 속도를 빠르게 하고 싶은 지역은 산화막을 제거함으로써 Silicide를 형성하게 해 소자의 특성을 빠르게 할 수 있다.

(3) Damascene 공정

1) Damascene(상감) 공정이란?

Damascene 공정은 배선을 위한 금속막 공정 중의 하나로, 구리는 식각이 어렵기 때문에 비교적 식각이 쉬운 산화막을 배선의 모양으로 식각한 후 식각된 부분에 구리를 증착한 후 표면을 연마해 구리 패턴을 형성하는 상감기법의 공정이다.

금속 배선 시 과거에는 주로 알루미늄(Al)을 사용했지만 낮은 녹는점, 높은 저항에 따른 낮은 전기 전도도 등 신뢰성의 문제로 인해 구리(Cu)로 대체되었다. Damascene 공정에는 한 층의 Metal 배선만 만드는 Single Damascene 공정과 Via층과 Metal 층을 동시에 만드는 Dual Damascene 공정이 있다.

아래의 그림은 이전의 알루미늄(Al) 배선 형성공정과 Damascene 공정을 비교하여 나타내었다

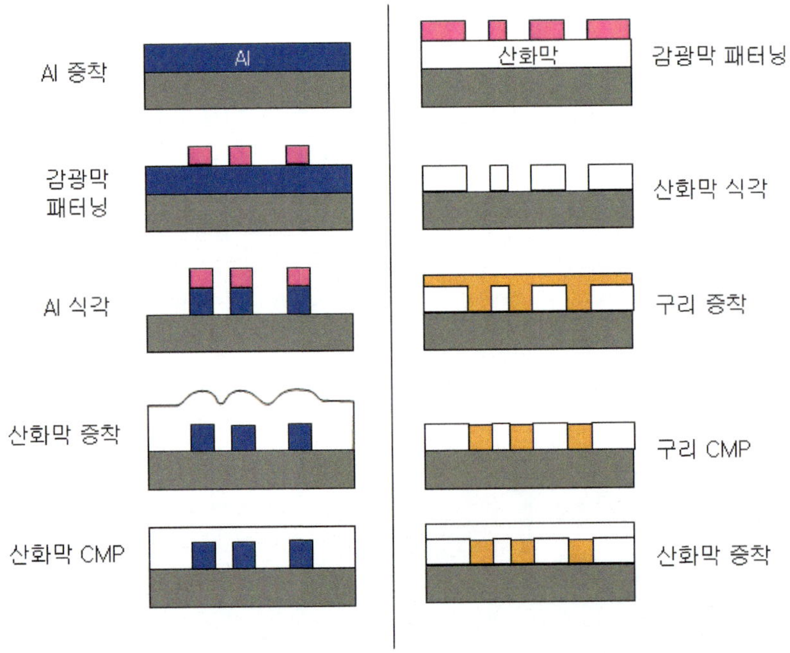

[그림 3.39] Al 배선 공정 및 다마신 공정의 비교

최근 반도체 공정에서는 Dual Damascene 공정을 주로 이용하는데, 그 이유는 Via층과 Metal층을 한 번에 구리(Cu)로 증착할 수 있어 Step 수를 줄일 수 있고, Via와 Metal 간 일체형 구조가 가능하므로 전기적 특성과 신뢰성 측면이 유리하기 때문이다.

2) Dual Damascene 공정 순서도

아래의 그림은 Dual Damascene 공정을 순서대로 나타내었다.

① 금속 배선이 이루어질 지역에 대해 감광막 공정을 진행한다.
② 감광막 공정을 이용하여 위 SiO_2를 1차 식각한 후, SiN층을 마스크로 사용하여 아래층의 SiO_2를 2차 식각해 Via를 형성한다. 또는 1차 식각 후 아래층의 SiO_2는 SiN층을 형성할 때 사용한 마스크를 이용하여 감광막 공정을 진행해 2차 식각한다.
③ Barrier Metal을 증착한 후 CVD에 의해 Cu Seed 층을 증착한다. 이때 Cu Seed 층은 균일하게 증착되어야 하며, 핀 홀이 없어야 한다.
④ 전기 도금법에 의해 Cu를 증착하여 Via 및 배선 영역을 채워 넣는다.
⑤ CMP 공정을 진행하여 금속 배선 지역을 메우고 평탄화한다.

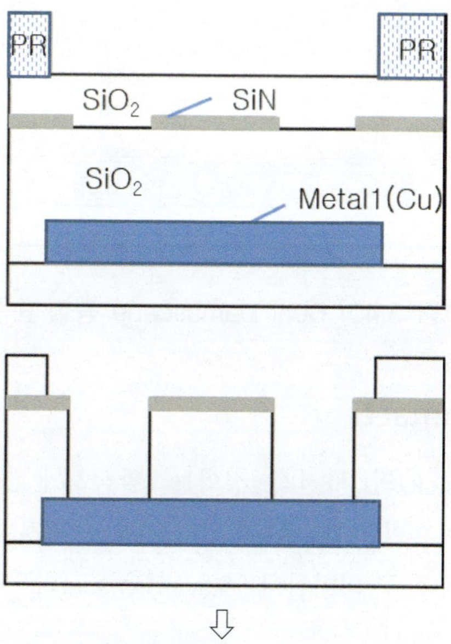

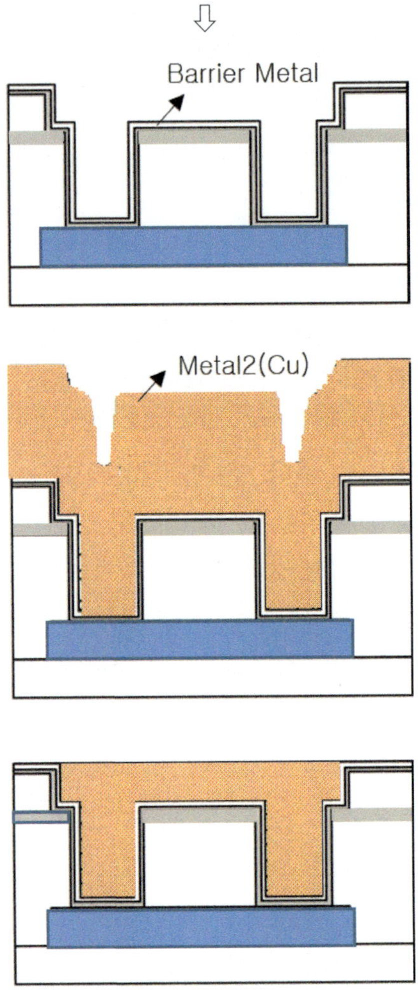

[그림 3.40] Dual Damascene 공정 순서

(4) 스택 컨택(Stack Contact)

Stack Contact에서, 스택(Stack)의 사전적 정의는 '깔끔하게 정돈하여 쌓는다.'란 뜻으로 Contact(Via를 포함하여 그 이후의 층간 전기적인 신호를 연결하기 위한 Hole 패턴의 총칭)을 수직으로 바로 포개어 쌓는 것을 의미한다. Stack Contact의 예는 아래의 그림과 같다.

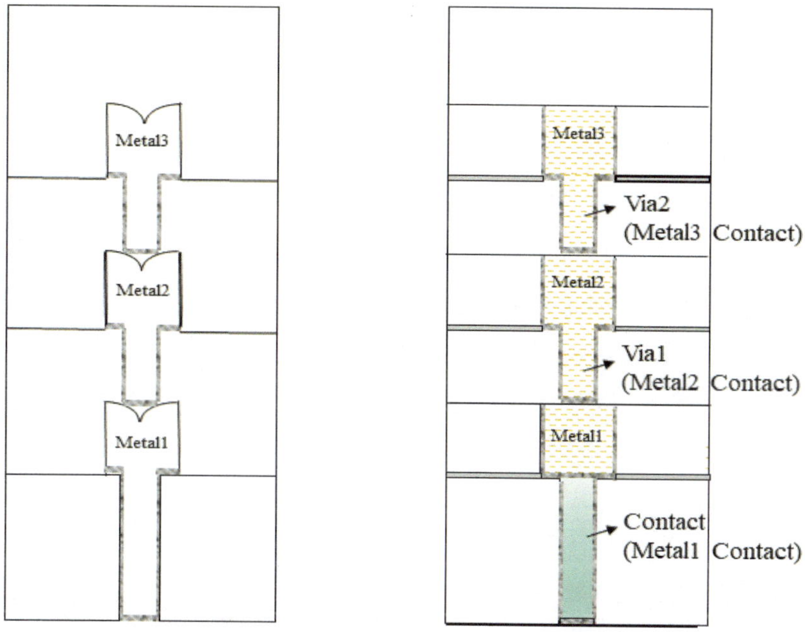

(a) 이전 공정의 문제점　　(b) Stack Contact

[그림 3.41] 스택 Contact

이전의 반도체 공정 기술에서는 Contact Hole과 금속 배선을 동시에 증착하면서 금속막이 Contact Hole과 배선간의 단차에 의해 금속막의 평탄화가 이루어지지 않아 이후 Via공정 시 층간 산화막의 웨이퍼 내 위치별 두께 차이 및 식각 시의 식각률 차이에 따라 그림에서 보는 바와 같이 금속막 윗부분 홈에 산화막이 남을 수가 있었다. 이는 Contact 저항의 증가 또는 Contact Fail이 일어나 바로 쌓아 올리는 Stack Contact 형태의 공정을 진행하지 못하였다.

하지만 최근에는 Contact 공정을 W-Plug 공정으로 채운 후 CMP하여 Contact를 매립하고 금속막 공정을 진행함으로써 평탄화된 금속막 위에 Via 공정을 진행하는 데 문제가 없게 되었다. 또한 Metal2 이후 공정에서부터는 Dual Damascene 공정을 진행함으로써 산화막 안에 매립된 금속막의 평탄화로 스택 Contact의 사용이 가능하게 되었다. 이는 Dual Damascene 공정 및 CMP 공정 기술에 의한 발전으로 가능하게 되었으며 이로 인해 공정 특성을 개선하고, Contact 저항의 감소 등 소자 특성을 개선하게 되었다. 그뿐만 아니라 스택 Contact 레이아웃으로 레이아웃 면적을 줄일 수도 있게 되었다.

3 최신 PVD 공정

(1) 최신 PVD 공정 개발 사항

1) 저저항 게이트(Gate) 물질 개발

최근 게이트 전극 물질로 텅스텐 사용 시 증착 가스 WF_6에 의한 Fluorine의 영향을 줄이기 위해 장비 및 공정 기술에 대해 연구개발 중이다. 또한 W보다 비저항이 낮은 물질로 대체하려는 방향으로 시도되고 있다

2) 상호연결선(Interconnection)

Contact Size 및 금속 배선의 선폭이 줄어듦에 따라 금속막으로 사용되어지는 구리(Cu)를 빈공간 없이 매립하기 위한 연구가 계속되고 있다. 또한 Barrier Metal과 구리도금 공정 기술에 대해 지속해서 연구 개발되고 있다.

구리 증착 공정은 전기도금(Electro Plating) 방식으로 화학 용액 내에 산화/환원 반응을 통해 금속이온 물질을 박막으로 형성시키는 방법이다.

3) Silicide 공정 개발

앞에서 설명하였던 실리사이드 공정에 대해 티타늄 실리사이드와 코발트 실리사이드로 나누어 요약 정리하였다.

① 티타늄 실리사이드(Ti Silicide) 공정

CVD 방식으로 티타늄(Ti)을 고온 증착하고 Si과 반응시켜 Ti Silicide 하는 공정이다. Ti는 Contact 바닥에서 Si와 접촉하므로 Contact 밑바닥까지 증착이 잘되어야 하는 층덮힘 특성이 우수하여야 한다. 후속 열처리 공정을 거쳐 $TiSi_2$가 형성됨으로 균일하게 형성되어야 하며 이에 따라 Contact 저항을 최적화할 수 있다.

② 코발트 실리사이드(Cobalt Silicide) 공정

Co는 일반적으로 PVD Sputtering 방법으로 증착한다. $CoSi_2$는 $TiSi_2$보다 결정립(Grain)이 1/10 정도 작아서 배선의 선폭이 작아도 충분하게 $CoSi_2$가 잘 만들어지며 Contact의 면적이 작은 경우에 저항이 개선된다. 최근 주로 코발트 실리사이드 공정을 사용하고 있다.

학습문제 제3장 6. Thin Film 공정(PVD 공정)

01 PVD 공정의 대표적인 두 가지 방법은 무엇인가?

02 PVD 공정의 장점에 관해 설명하시오.

03 스퍼터링이란 높은 에너지의 입자가 금속 표면에 충돌할 때 그 (ㅊ ㄷ) 에너지가 스퍼터링 되는 재료 표면의 (ㄱ ㅎ) 에너지보다 커 일부 원자들이 고체 표면에서 떨어져 나와 증착되는 공정이다.

04 스퍼터링의 증착 메커니즘에 관해 설명하시오.

05 스퍼터링에 의해 증착되는 막의 종류들을 나열하시오.

06. (ㅅ ㄹ ㅅ ㅇ ㄷ)란 Si이 금속과 접촉되었을 때 열공정이 가해지면 금속이 Silicidation 되는 것을 말한다. 일반적으로 사용되는 금속막은 티타늄(Ti), 코발트(Co), 텅스텐(W)이 주로 사용된다.

07 Silicide를 형성하는 이유는 무엇인가?

08 (ㅅ ㄹ ㅅ ㅇ ㄷ)란 Self Align Silicide의 약자로 자기 정렬 실리사이드란 뜻으로 마스크를 사용하지 않고 스스로 자기 정렬하여 Silicide 공정을 진행하는 것을 말한다.

09 SALICIDE 공정 순서에 대해 설명하시오.

10 다음은 속도를 빨리해야 하는 지역과 속도를 낮추어야 할 지역을 구분하여 SALICIDE 공정을 진행하는 단계를 나타내었다. 빈칸에 공정에 맞는 설명을 간략히 하시오.

공정 순서	설명
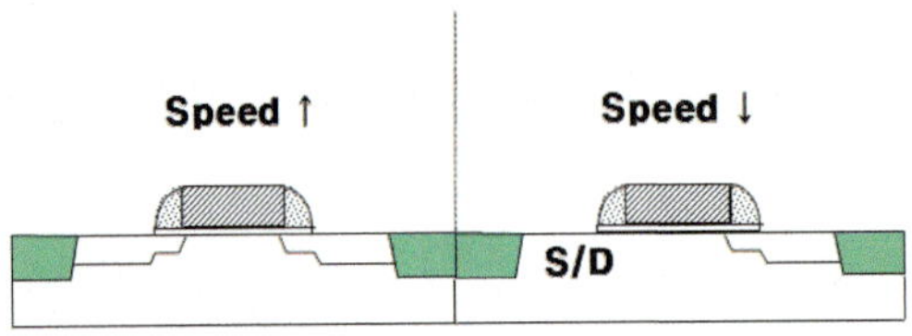	
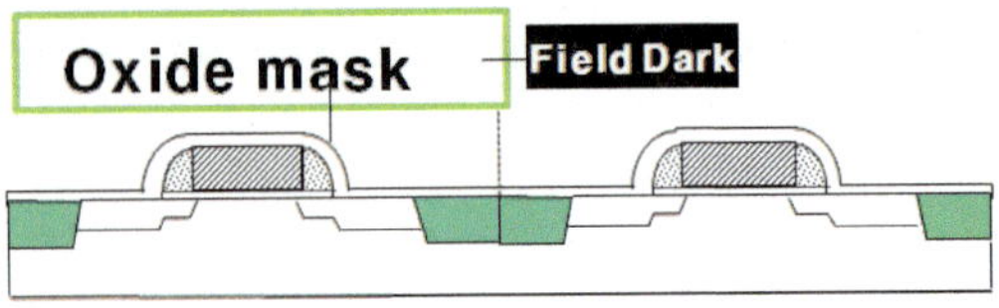	
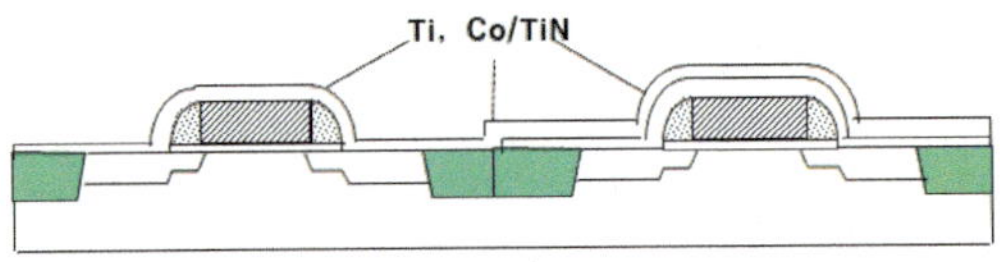	
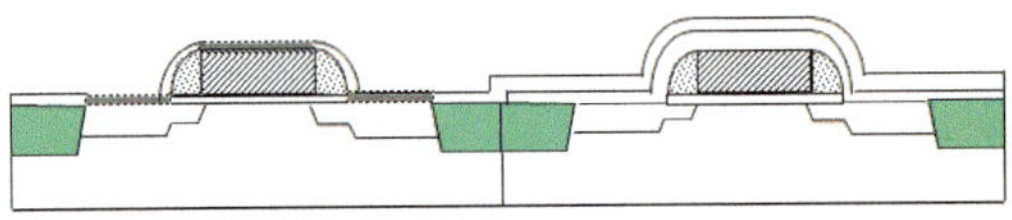	
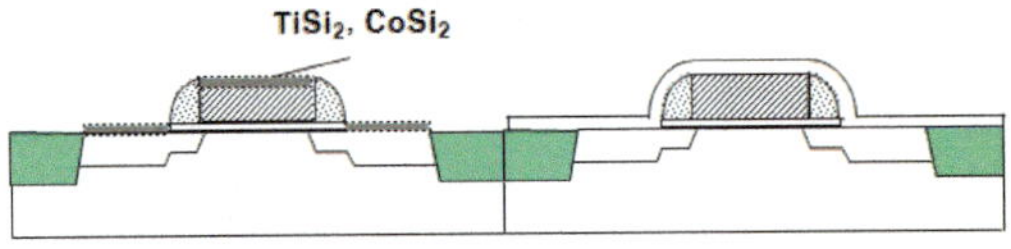	
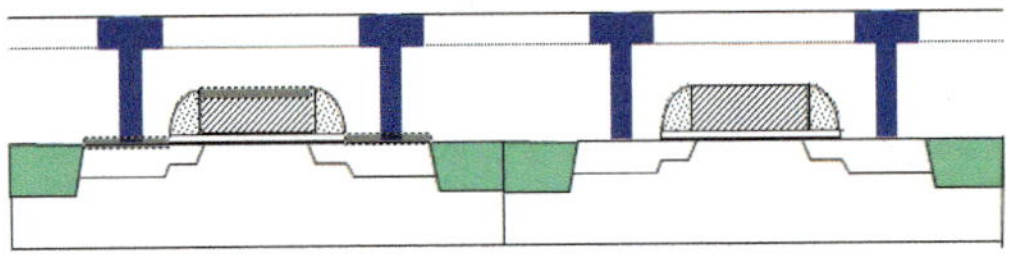	

11 Damascene 공정(Single vs. Dual)에 대해 그림으로 설명하시오.

12 Damascene 공정의 장점은 무엇인가?

SECTION 07 CMP 공정

1 CMP 공정

(1) CMP 공정이란?

Chemical Mechanical Polishing(화학적 기계적 연마 기술)의 약자로, 화학 용액에 의한 화학적 반응 효과와 연마제에 의한 기계적인 폴리싱 효과가 더해져 웨이퍼 표면을 평탄화해주는 공정이다.

CMP 이전의 공정으로 집적회로 제조시에는 다층의 금속 박막 및 패턴을 형성할 때 하부층의 단차(Topology)에 의해 평탄화가 이루어지지 않아 굴곡이 심한 높낮이가 발생하여 감광막 공정 시 패턴 형성에 문제가 발생한다. 이로 인해 이후 식각 공정 및 다음 공정에서 정밀한 제어가 이루어지지 않는데 이와 같은 문제를 해결하는데 있어서 CMP 공정 기술이 개발되었다.

CMP 공정은 웨이퍼를 연마 패드(Pad) 표면 위에 올려놓은 후 연마제가 분산된 연마액(Slurry)을 공급하면 웨이퍼 표면은 화학적으로 반응하고, 동시에 연마 테이블과 웨이퍼 캐리어(Carrier)를 회전시키면 물리적인 힘으로 원하는 막이 연마되는 공정 기술이다.

1) CMP 사용공정

CMP의 목적은 크게 두 가지로 분류되는데, 첫 번째는 반도체 소자 제조공정 시, 웨이퍼의 전면에 걸친 평탄화 공정을 진행하며, 두 번째는 실리콘 웨이퍼 제조 시, 표면의 경면 가공 시 진행한다.

반도체 소자 제조공정 시 사용되는 CMP 공정은 아래와 같은 공정 단계이다.

① 소자 분리(Isolation) 시 STI를 형성을 위한 산화막의 평탄화
② Poly Si과 Metal1 사이의 층간 절연막(ILD, Inter Layer Dielectric) 평탄화
③ Metal과 Metal 사이의 층간 절연막(IMD, Inter Metal Dielectric)의 평탄화
④ Contact Plug 공정 시 W CMP
⑤ 금속 Damascene 공정

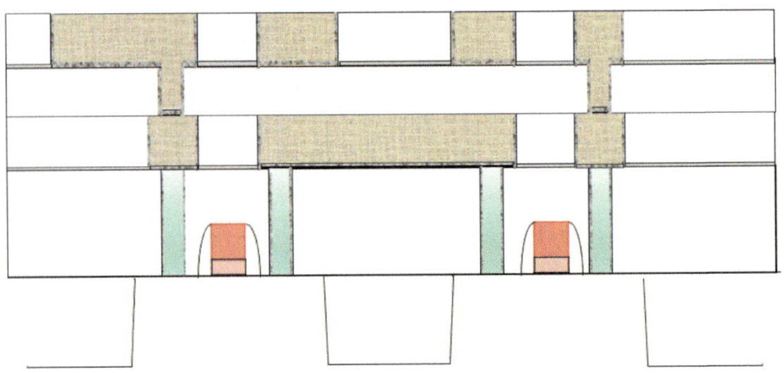

[그림 3.42] CMP 공정을 통한 평탄화

(2) CMP의 기본 원리 및 주요 평가 변수

CMP 장치는 연마 패드, 폴리싱 헤드, 패드 컨디셔너(Conditioner) 및 슬러리를 공급해 주는 장치로 구성된다. CMP의 기본 원리에 대해 아래에 설명하였다.

1) CMP의 기본 원리

① 웨이퍼는 연마 패드에 접촉하고 웨이퍼와 패드는 동시에 회전한다.
② 수용액에 분산된 미세한 연마제로 이루어진 슬러리가 패드 위에 공급되고 슬러리는 원심력에 의해 패드 위에 고르게 퍼져 패드와 웨이퍼 간의 얇은 액상 막을 형성한다.
③ 연마제에 가해지는 압력 및 테이블의 회전속도에 의한 기계적인 작용과 슬러리의 화학적인 작용으로 웨이퍼 표면이 연마된다.
④ 연마 패드의 표면거칠기를 일정하게 유지시키기 위해 수백 μm크기의 다이아몬드 입자가 고정된 패드 컨디셔너를 이용하여 연마패드를 드레싱(Dressing) 한다.

2) CMP 공정의 주요 평가 변수

CMP 공정의 주요 평가 변수로는 평탄도(Planarity), 균일도(Uniformity), 연마속도, Dishing(접시 모양으로 움푹 들어가는 현상) 및 Erosion(침식), 결함 등이 있다.

① 평탄도는 반도체 칩내에서 셀과 주변회로간 패턴 밀도에 따른 광역적 단차를 말한다.
② 균일도는 CMP 공정 후 웨이퍼 내 위치별 또는 웨이퍼 간 두께의 편차를 의미한다.
③ 연마속도는 단위시간 당 연마되는 막의 두께이다.
④ Dishing 및 Erosion은 CMP공정 후 막이 움푹 들어가는 Recess 현상이다.
⑤ 결함에는 웨이퍼 표면위에 남아 있는 잔류성 물질 및 Scratch 등이 있다.

(3) CMP 공정의 장·단점

CMP 공정의 장점으로는 금속 배선에 요구되는 층간 절연막의 광역 평탄화가 가능하여 다층의 배선 구조가 가능하며 상감 공정을 통해 구리 배선 공정이 가능하다. 이로 인해 CMP 이후의 공정 조건들을 안정시키고 여유도를 확보할 수 있다.

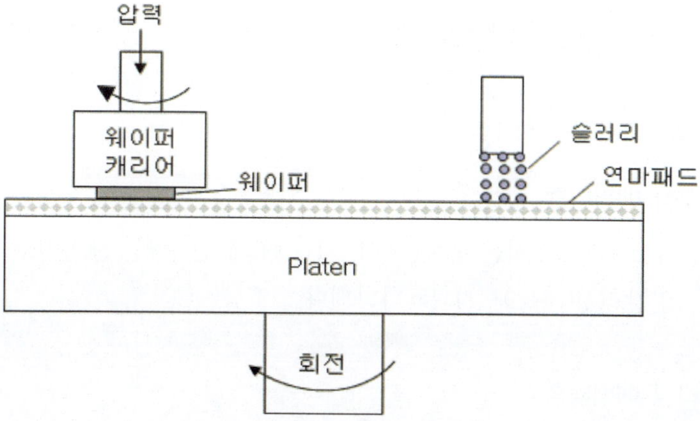

[그림 3.43] CMP 장비 개략도

단점으로는 공정변수가 많아지고 연마에 의한 결함 발생 가능성이 커 스크래치(Scratch) 및 연마 균일도가 좋지 않은 문제점을 가지고 있다. 또한 패턴 밀도가 낮은 넓은 패턴에서의 CMP 공정 시에는 디싱(Dishing) 현상이 발생하기도 한다. 이를 해결하기 위해서는 패턴 밀도가 낮고 비어 있는 공간에 더미(Dummy) Poly 패턴이나 더미 Metal 패턴을 형성하여 밀도를 균일하게 함으로써 이를 해결할 수 있다. 초기에 레이아웃 시에도 이를 체크하여 CMP 공정변수의 균일도를 확보하려는 연구가 지속되고 있다. 이외에 경도가 낮은 소프트 패드를 사용하여 Dishing 현상을 감소시키기도 한다.

아래의 그림은 상감 공정 진행 시 구리에 대한 CMP 공정 및 산화막의 CMP 공정 시 발생하는 Dishing 현상을 개략적으로 나타내었다.

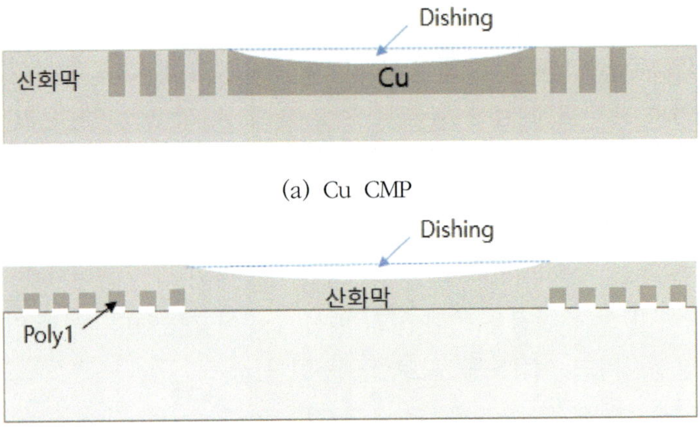

(b) 산화막 CMP

[그림 3.44] Dishing 현상

(4) 막의 종류에 따른 메커니즘

1) 산화막의 폴리싱 메커니즘

슬러리는 수분과 pH를 조절하는 용매(KOH, NH_4OH)에 연마제는 SiO_2 또는 CeO_2를 분산시켜 사용한다. 알칼리성(pH 9~11)을 나타낸다.

2) 금속막의 폴리싱 메커니즘

슬러리는 수분과 산화제($Fe(NO_3)_3$, H_2O_2)에 연마제는 Al_2O_3 또는 SiO_2를 분산시켜 사용한다. 산성($pH<4$)을 나타낸다.

(5) 상감 공정(Damascene Process) CMP

최근 반도체 공정의 금속 배선 재료로써 전기 전도도가 우수한 구리(Cu)가 사용되고 있다. 이러한 구리 배선을 가능하게 할 수 있었던 것은 CMP 공정이 가능하게 되었기 때문이다. 구리는 식각 시 어려운 점이 있어, 기존의 금속 배선 공정과는 다르게 형성시켜야 하는데,

이때 사용하는 공정 기술이 Damascene 공정이다. 구리 배선의 형성은, 먼저 절연층 위에 배선이 형성되어질 곳을 파내어 패턴을 형성한 후, 구리를 전기도금(EP, Electro-Plating) 방법으로 채워 증착시킨다. 이후 CMP 공정으로 배선 물질만을 남기고 연마 제거함으로써 구리 배선이 이루어진다.

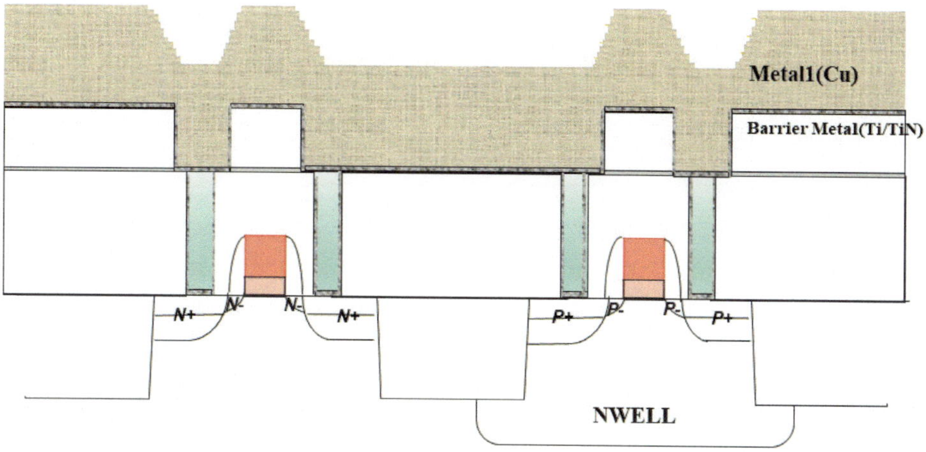

(a) Cu 증착

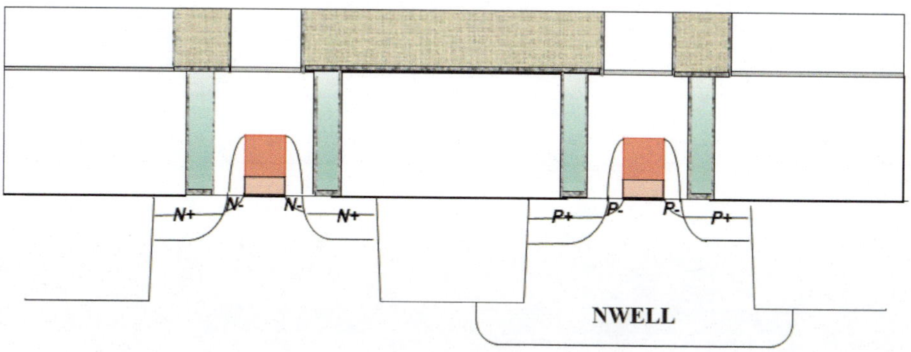

(b) Cu CMP

[그림 3.45] Damascene 구리 공정에 대한 CMP

2 최신 CMP 공정

(1) 최신 CMP 공정 개발 사항

CMP 공정에서 슬러리는 가장 많이 사용되는 것 중의 하나이다. 슬러리는 CMP 공정 기술에서 연마에 필요한 화학반응을 촉진시키기 위하여 사용되는 용액 안의 작은 입자 물질을 말한다. 연마 대상막에 따라 사용하는 pH 및 연마제의 종류가 다르며 연마제가 응집되지 않도록 pH를 일정하게 유지해야 한다.

반도체 CMP 공정을 진행함에 따라 발생하는 주요한 결함은 스크래치(Scratch)로서 이는 대체로 슬러리에 의한 것으로 이를 해결하기 위해 슬러리의 입자 크기 및 분포가 균일할 수 있도록 개발되고 있다.

학습문제

제3장 7. CMP 공정

01 Chemical Mechanical Polishing(ㅎ ㅎ ㅈ ㄱ ㄱ ㅈ ㅇ ㅁ ㄱ ㅅ)의 약자로, 화학 용액에 의한 화학적 반응 효과와 연마제에 의한 기계적인 폴리싱 효과가 더해져 웨이퍼 표면을 (ㅍ ㅌ ㅎ)해주는 공정이다.

02 CMP 공정이 사용되는 반도체 공정 단계는 어떠한 것들이 있는가?

03 CMP 장치의 구성 요소들을 나열하고 설명하시오.

04 CMP는 연마제에 가해지는 압력 및 테이블의 회전속도에 의한 (ㄱ ㄱ ㅈ 인) 작용과 슬러리의 (ㅎ ㅎ ㅈ 인) 작용으로 웨이퍼 표면이 연마된다.

05 CMP 공정의 장 · 단점에 대해 설명하시오.

06 CMP하려고 하는 막에 대한 슬러리의 종류에 대해 설명하시오.

07 금속 배선 공정으로 구리를 사용하는 다마신 공정을 사용할 수 있었던 것은 ( ) 공정이 가능하게 되었기 때문이다.

SECTION 08

Cleaning 공정

제3장 반도체 단위공정

1 Cleaning 공정

(1) Cleaning(세정) 공정이란?

소자 형성 시 영향을 줄 수 있는 먼지 입자나 오염물질을 제거하고, 표면을 다른 오염원으로부터 보호하기 위해 실시하는 공정이다. 아래에는 오염물질의 종류에 관해 설명하였다.

1) 오염물질의 종류

① Particle

반도체 공정에서 발생하는 대표적인 먼지 입자이다. 파티클의 발생 원인은 사람이나 장비, 화학 용액 등 다양한 원인이 있다.

② 유기 불순물(Organic Impurity)

유기 불순물은 오일, 왁스, 폴리머 등의 탄소(Carbon)계의 불순물을 말한다. 사람이나 장비 등에서 발생한다.

③ 금속성 불순물(Metallic Impurity)

나트륨(Na^+), 칼륨(K^+), 칼슘(Ca^{++}) 등의 모바일 이온, 금(Au), 은(Ag), 구리(Cu), 철(Fe) 등의 중금속류의 불순물 등이 있다. 주로 인체 및 장비에서 발생한다.

④ 자연 산화막(Native Oxide)

실리콘이 공기 중에 노출되면 산화 실리콘 막이 형성되는데 이때 형성 막의 두께는 5~20 [Å]의 두께로 형성된다. 게이트 산화막의 특성에 영향을 미치며, Metal1 Contact 형성 시 드러난 Si 표면에 자연 산화막이 남게 되면 Contact 저항을 증대시키는 문제를 일으키므로 이를 제거하는 것이 필수적이다.

(2) RCA 세정이란?

웨이퍼 표면의 세정을 위한 화학적 습식 세정(Chemical Wet Cleaning)의 대표적인 이름이 RCA 세정이다. 미국 RCA사에서 제안된 세정이며, 공통적으로 과산화수소(H_2O_2)를 근간으로 사용한다.

웨이퍼의 오염물질은 먼지, 유기물질, 금속 물질, 자연 산화막 등으로 나눌 수 있다. 이런 여러 오염원을 제거하기 위해 효과적인 세정액들을 사용하여 각각의 오염물질에 대해 세정 처리한다. 웨이퍼 세정 공정은 각각의 반도체 공정 전 · 후에 실시한다.

반도체 공정에서 사용되는 세정 방법은 습식 세정(Wet Cleaning)과 건식 세정(Dry Cleaning)이 사용된다. RCA 세정의 종류 및 특징은 다음과 같다.

1) SC1 (Standard Clean-1)

암모니아 세정이라고도 하며, 암모니아수(NH_4OH)와 과산화수소수(H_2O_2), 물(H_2O)을 1:1:5 정도로 혼합하여 파티클과 가벼운 유기 불순물(Light Organic Impurity)을 제거하기 위해 사용된다. SC1은 구성 화학 용액의 이름으로 APM(Ammonium Peroxide Mixture)이라고도 부른다.

2) SC2 (Standard Clean-2)

염산(HCl), 과산화수소수(H_2O_2), 물(H_2O)을 1:1:5 정도로 혼합하여 금속 오염물을 제거하기 위해 사용된다. SC2는 HPM(Hydrochloric Peroxide Mixture)이라고도 부른다.

(3) 그 밖의 습식 세정 방법

1) Piranha 세정

Piranha 세정은 황산(H_2SO_4)과 과산화수소수(H_2O_2)를 약 4:1로 섞어 사용한다. 웨이퍼 표면의 중유기 불순물(Heavy Organic Impurity) 및 금속성 불순물을 제거하기 위해 사용하며 SPM

(Sulfuric Peroxide Mixture)이라고도 부른다.

2) DHF 세정

DHF(Dilute Hydrofluoric Acid) 세정 공정은 DI Water에 불산(HF) 수용액을 50:1~300:1의 비율로 희석하여 사용하는 방법으로, HF는 세정 공정 중에 발생할 수 있는 화학적 산화막(Chemical Oxide) 또는 자연적으로 발생하는 자연 산화막(Native Oxide)을 제거할 시 사용한다.

[표 3.9] 습식 세정에 사용되는 화학 용액

RCA 세정의 종류		
이름	화학 용액	오염물질
SC-1(APM)	NH_4OH : H_2O_2 : H_2O	파티클, 가벼운 유기 불순물 제거
SC-2(HPM)	HCl : H_2O_2 : H_2O	파티클, 중유기 불순물 제거
Piranha(SPM)	H_2SO_4 : H_2O_2 : H_2O	중유기 불순물, 금속성 불순물 제거
DHF	HF : H_2O	자연 산화막 제거
H_3PO_4	질화막 제거	
초음파 세정		

(4) 기타 세정 방법

1) 오존 세정

과산화수소(H_2O_2)의 사용 대신 산화력이 큰 오존수(O_3)을 사용하는 새로운 습식 세정기술이다.

2) 초음파 세정

고주파의 초음파(20[kHz] 이상)를 이용하여 물 또는 용제를 진동시켜 세정하는 기술이다. 또한 약 1,000[kHz] 이상의 매우 높은 고주파를 사용할 때는 메가소닉 세정(Megasonic Cleaning)을 사용한다.

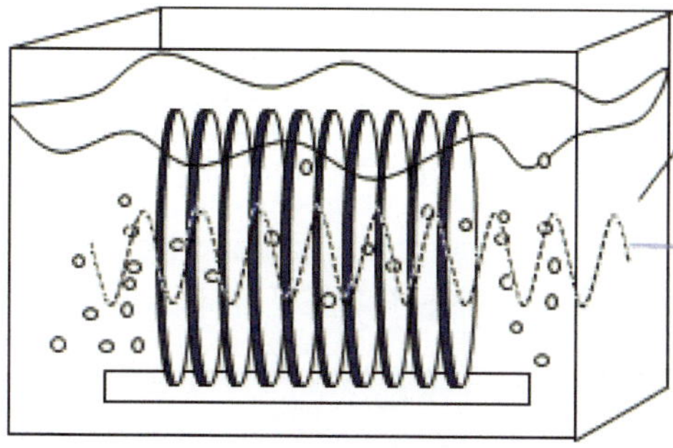

[그림 3.46] 메가소닉 세정

3) 아르곤 에어로졸 세정

초고순도의 아르곤과 질소의 혼합물을 기화 냉각시켜 에어로졸(aerosol)을 만들고 표면에 분사하여 세정한다.

4) 레이저 세정

레이저 빔을 재료 위에 조사하면 존재하는 오염물질이 제거되는 공정 기술이다. 이때 표면에서는 급격히 온도가 상승하며 오염물질은 순간적으로 증발하여 제거된다.

(5) 건식 세정

반도체 공정에서 형성되는 자연 산화막은 불산에 의한 습식 세정으로 진행한다. 이때 습식 세정에 의한 단점으로는 식각 후 세정 및 건조 시 화학 용액이 미세 구조의 표면장력에 의해 일부 하부층에 달라붙는 고착 현상이 일어난다. 이러한 문제점을 보완하고 해결하기 위해 건식 세정방식을 사용한다.

1) HF/NH_3 세정

HF/NH_3 가스를 사용하여 산화막에 반응시킨 후 200[℃] 이상의 고온에서 분해해 제거하는 세정기술이다.

(6) 건조기술

소자의 미세화 및 고집적화가 진행됨에 따라 세정기술은 종래보다 고수준 및 고기능의 세정 효율이 필요하게 되었다 이에 따라 건조 기술 또한 건조 능력의 향상, 새로운 기술 및 장치의 도입 등이 요구되고 있다.

건조(Dry)는 건조 시 건조 흔적인 물방울 자국 및 패턴 손상이 없는 건조 특성을 가져야 한다. 건조 장치의 기본 요건으로서는 충분한 수분 제거를 할 수 있어야 하며, 건조 시 오염을 방지할 수 있어야 한다. 또한 저비용 및 생산성 효율이 높아야 한다.

건조기술로서는 Wafer를 회전하여 원심력을 이용한 건조방식의 스핀 건조(Spin Dry), 아이소프로필 알코올(IPA) 증기(Vapor)를 이용한 건조가 있으며 최근에는 IPA 온도를 높여 표면장력을 낮춰서 건조하는 방법이 활용되고 있다.

2 최신 Cleaning 공정

(1) 최신 Cleaning 공정 개발 사항

세정 공정은 반도체 공정에서 가장 많이 사용하는 공정으로 반도체 소자의 발전을 위해 세정기술의 발전이 꼭 필요하다.

1) 세정 장비의 구성

현재 세정 장비는 여러 장의 웨이퍼를 동시에 처리하는 배치 타입(Batch Type)과 웨이퍼를 한 장씩 진행하는 싱글 타입(Single Type)으로 구성되어 있다.

배치 타입 세정은 화학 용액이 담겨 있는 통(Bath)에 웨이퍼를 담그는 방식이며, 싱글 타입은 고속으로 회전하는 웨이퍼에 스프레이 형태로 화학 용액을 분사시켜 세정하는 방식이다.

① 배치 타입 장비는 웨이퍼를 통(Bath)에 수직으로 이동시킴으로서 위아래로의 흐름성 결함이 발생할 수 있다.
② 싱글 타입 장비는 화학 용액 분사 및 초순수 세정, 건조까지를 하나의 챔버에서 동시에 진행함으로써 배치 타입 장비보다 덜 오염되기 쉽다.

이에 싱글 타입 장비가 주를 이룰 예정이며, 웨이퍼를 한 장씩 진행해야 하는 생산성 부족에 대한 문제는 멀티 챔버로의 발전을 기대하고 있다.

2) 최근 세정기술의 방향

기존의 RCA 세정은 강산 및 강알칼리 등과 같은 많은 화합 용액과 이를 세정하기 위해 많은 양의 물을 소비하여 폐액의 증가로 인해 환경오염의 문제를 발생시킨다.

최근에는 기능수 세정, 오존 세정이 개발되었으며 습식 세정의 문제점을 극복하기 위해 건식 세정기술에 대한 개발 요구가 증가하고 있다.

학습문제 제3장 8. Cleaning 공정

01 오염물질의 종류를 나열하고 설명하시오.

02 RCA세정의 종류는 (①)과 (②)로 나누어지는데 (①)은 암모니아 세정이라고 하여 APM(Ammonium Peroxide Mixture)이라고도 부르며 (②)는 염산을 사용하여 HPM(Hydrochloric Peroxide Mixture)이라고도 부른다.

03 Piranha 세정은 (ㅎ ㅅ)과 과산화수소수(H_2O_2)를 약 4:1로 섞어 사용하여 웨이퍼 표면의 중유기 불순물 및 금속성 불순물을 제거한다.

04 DHF(Dilute Hydrofluoric Acid) 세정 공정은 DI Water에 (ㅂ ㅅ) 수용액을 희석하여 사용하는 방법으로 (ㅅ ㅎ ㅁ)을 제거할 시 사용한다.

05 초음파 세정에 대해 설명하시오.

06 세정 후 실시하는 건조기술에 대하여 설명하시오.

07 세정 장비는 여러 장의 웨이퍼를 동시에 처리하는 (타입)과 웨이퍼를 한 장씩 진행하는 (타입)으로 구성되어 있다.

CHAPTER 4

반도체 CMOS 제조공정

SECTION

01 MOSFET

1 MOSFET의 이해

(1) MOSFET란?

1) MOSFET

MOSFET(Metal Oxide Semiconductor Field Effect Transistor)는 금속 산화물 반도체 전계효과 트랜지스터로서 트랜지스터의 형성 구조가 금속 산화물 반도체 구조로 형성되어 있으며, 트랜지스터(Transistor)에 인가되는 전압에 의해 전류의 흐름을 제어하여 전계효과 트랜지스터라고 한다.

대부분의 반도체 IC는 MOSFET를 사용하고 있으며 전력 소모가 매우 적어 고집적 디지털 및 아날로그 반도체 IC에 폭넓게 사용되고 있다. MOSFET는 전류에 기여하는 캐리어(Carrier, 전자 또는 정공)의 종류에 의해 NMOSFET와 PMOSFET로 구분되며 형성공정을 달리 한다.

2) MOS 구조 및 전계효과

MOS 구조는 실리콘 기판 위에 실리콘 산화층과 금속층이 적층된 구조이다. MOS는 금속층에 인가된 전압의 크기에 따라 실리콘 산화층 아래의 기판에서의 전하 상태가 변하는데 이를 전계효과라고 한다. 이러한 전계효과를 이용하여 만든 MOS 구조의 트랜지스터를 MOSFET라고 한다.

MOS 구조의 전계효과는 금속층(Gate, 게이트)에 전압(V_g)을 인가하여 발생시키며, 게이트 전압이 실리콘 기판(Bulk, 벌크) 전압(V_b)에 대해 어떤 전압 차이를 갖느냐에 따라 동작 모드는 축적 모드, 공핍 모드, 반전 모드로 구분된다. 이때 실리콘 기판은 P형 기판이라고 가정한다.

① 축적 모드(Accumulation Mode)

V_g의 전위가 V_b보다 낮을 때, 즉 $V_g < 0$일 때에는 전계의 방향은 위쪽으로 향하며 이 전계에 의해 실리콘 기판의 다수캐리어인 정공은 실리콘 산화막층의 바로 아랫 부분에 모이게 된다. 이로 인해 실리콘 표면은 정공으로 축적된다.

② 공핍 모드(Depletion Mode)

V_g값이 V_b의 전위값 0[V]보다 큰 양의 값을 갖기 시작하면 전계의 방향은 아래쪽을 향하게 되고, 이 전계로 인하여 산화막 아래층에 축적되어 있던 정공은 아래쪽으로 밀려가게 된다. 결국 Si 표면에는 캐리어가 없는 공핍층이 형성되며, V_g가 커짐에 따라 이 공핍층의 폭은 점점 넓어진다.

③ 반전 모드 (Inversion Mode)

V_g가 커질수록 공핍층의 두께는 점점 넓어지는데 일정 게이트 전압 이상이 인가되면 산화막과 실리콘 경계면에 소수캐리어인 전자가 모이게 된다. P형 Si 기판에서 다수 캐리어인 정공 대신 소수 캐리어인 전자로 바뀌는 이 현상을 반전(Inversion)이라고 한다.

이 반전층은 MOSFET에서 채널(Channel)로 사용되어지며 소스(Source)와 드레인(Drain)을 연결시켜 전류를 흐를 수 있게 하는 통로 역할을 한다. 반전층을 형성시키기 게이트의 최소 전압을 문턱 전압(V_t, Threshold Voltage)이라고 한다.

④ 바디 바이어스 효과(Body Bias Effect)

Body Bias Effect는 기판(Bulk 또는 Body)의 전압이 (-)로 바이어스되어 있을 때의 그 효과를 말한다. $V_g \gg 0$ 상태에서 채널은 반전 상태에 있을 때, 기판은 P형 기판이고 반전층은 N형이므로 기판과 반전층 사이는 역방향 바이어스가 걸리게 되어 벌크 전압(V_b)은 역방향 바이어스를 증가시키고 공핍층을 더욱 확장시킨다. 이로 인해 채널 형성을 위한 문턱전압 값은 더욱 높아진다. 이를 Back Bias Effect라고도 한다.

Body Effect는 기판의 도핑 농도를 높여 공핍층을 줄어들게 함으로써 어느 정도 해결할 수 있다.

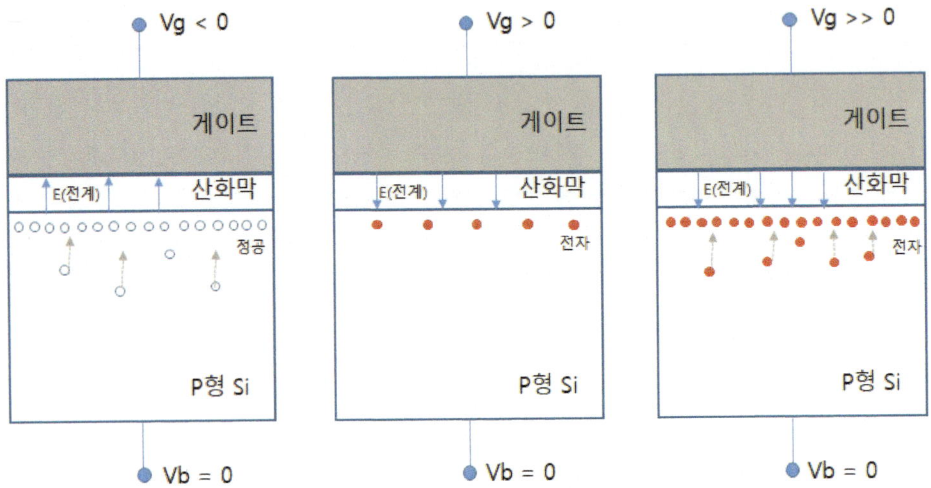

(a) 축적 모드 (b) 공핍 모드 (c) 반전 모드

[그림 4.1] MOS 구조의 전계효과

3) MOSFET의 구조 및 동작영역

MOSFET 구조는 Source(소스), Gate(게이트), Drain(드레인), Body(기판)로 이루어져 있다. 게이트는 전압을 인가하는 단자로서 게이트 전압에 의해 캐리어를 형성하여 전류의 크기를 제어할 수 있으며, 게이트 아래에는 매우 얇은 산화막을 형성하여 기판과는 절연되어 있다.

MOSFET는 게이트(Gate)의 전압에 따른 반전층의 형성으로 캐리어의 통로를 형성하고, 캐리어를 공급하는 소스(Source) 단자와 캐리어를 받아들이는 드레인(Drain) 단자를 갖는 구조이다.

소스와 드레인은 Si 기판 내에 형성시키는데 MOSFET의 종류에 따라 P형 불순물을 이온 주입하면 PMOSFET가 형성되고 N형 불순물을 이온 주입하면 NMOSFET가 만들어진다. PMOSFET는 P형 불순물에 의해 채널이 형성되므로 P-Channel MOSFET라고도 하며, NMOSFET는 N형 불순물에 의해 채널이 형성되므로 N-Channel MOSFET라고도 한다. 기판은 보통 P형 Si 웨이퍼 기판을 사용한다.

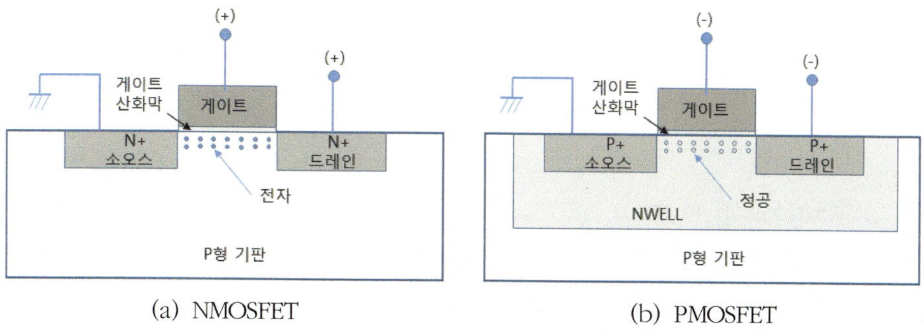

[그림 4.2] MOSFET의 구조

트랜지스터의 동작영역은 각 단자의 전압 변화율에 따라 차단 영역, 선형 영역, 포화 영역으로 나누어진다. MOSFET의 구조 및 동작을 설명하기 위해서 NMOSFET를 기본으로 설명하기로 한다.

① 차단 영역(Cut-Off Region)

차단 영역은 게이트와 소스 간에 인가되는 전압(V_{gs})이 문턱전압(V_t)보다 작을 경우, 반전이 일어나지 않으므로 채널이 형성되지 않아 전류는 흐르지 않는다.

$$V_{gs} < V_t$$

② 선형 영역(Linear Region)

선형영역은 소스 및 드레인에 대한 게이트 전압(V_{gs} 및 V_{gd})이 문턱전압 V_t보다 클 경우, 실리콘 표면에 소스로부터 드레인까지 채널이 형성되어 캐리어의 이동이 가능한 경우이다.

$$V_{gs} > V_t \text{ and } V_{gd} > V_t \text{ 즉 } V_{ds} < V_{gs} - V_t$$

이때 전류는 게이트-소스 전압(V_{gs})과 드레인-소스 전압(V_{ds}) 모두에 영향을 받게 되는데, 게이트 전압을 고정시키면 전류는 드레인-소스 전압과 거의 비례하므로 드레인 전류는 일정하게 증가되어진다. 즉 V_{ds}에 의해 거의 선형적인 특성을 나타내는데 이 동작영역을 선형 영역이라고 한다.

선형 영역에서의 전류식은 다음과 같다.

$$i_d = \frac{\mu C_{ox} W}{L}\left[(V_{gs} - V_t) - \left(\frac{V_{ds}}{2}\right)\right] V_{ds}$$

$$(V_{gs} - V_t > V_{ds}\text{일 때})$$

③ 포화 영역(Saturation Region)

선형 영역의 전압 조건에서 V_{ds}가 더욱 증가하게 되면 드레인 접합의 공핍층이 커져 드레인 부근의 채널이 드레인 영역과 차단되는 현상이 발생한다. 이를 핀치 오프(Pinch Off)라고 한다. 이후 V_{ds}가 더욱 증가하면 드레인 접합쪽의 채널은 완전히 소멸하게 된다.

포화 영역의 경우에는 드레인-소스 전압(V_{ds})에는 거의 무관하게 일정한 드레인 전류값을 갖는다. 고정된 게이트 전압에서 드레인-소스 전압이 증가하여도 전류가 일정하게 유지되므로 이를 포화되었다고 표현하며 이 영역을 포화 영역이라고 한다.

$$V_{gs} > V_t \text{ and } V_{gd} < V_t \text{ 즉 } V_{ds} > V_{gs} - V_t$$

포화 영역에서의 전류식은 다음과 같다.

$$i_d = \frac{\mu C_{ox} W}{2L}(V_{gs} - V_t)^2$$

$$(0 < V_{gs} - V_t \le V_{ds}\text{일 때})$$

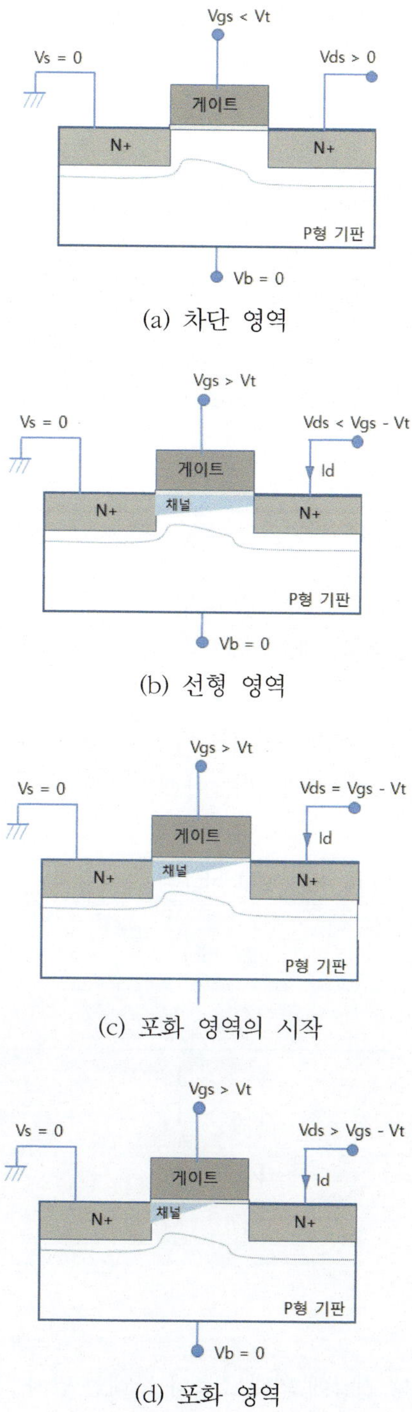

(a) 차단 영역

(b) 선형 영역

(c) 포화 영역의 시작

(d) 포화 영역

[그림 4.3] MOSFET의 동작 영역

아래의 그래프는 NMOSFET의 선형 영역과 포화 영역에서의 전류 특성 곡선을 나타내었다.

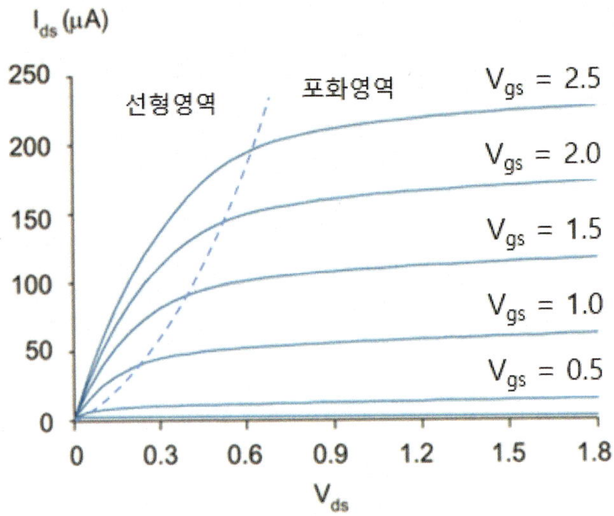

[그림 4.4] NMOSFET의 V_{ds}–I_d 특성 곡선

NMOSFET와 PMOSFET는 동작에 영향을 미치는 다수캐리어가 각각 전자, 정공으로 그 동작이 반대이므로 동작영역의 조건 또한 반대이다. 아래의 표는 동작영역 조건을 나타내었다.

[표 4.1] MOSFET의 동작영역

구분 / 동작영역	NMOSFET	PMOSFET
차단 영역	$V_{gs} < V_t$	$V_{gs} > V_t$
선형 영역	$V_{gs} > V_t$ $V_{gd} > V_t$	$V_{gs} < V_t$ $V_{gd} < V_t$
포화 영역	$V_{gs} > V_t$ $V_{gd} < V_t$	$V_{gs} < V_t$ $V_{gd} > V_t$

4) MOSFET의 동작

MOSFET의 동작 원리는 게이트 전압에 의해 소스와 드레인 단자 사이의 전류 흐름을 제어함에 따라 이루어지는데 게이트 전압에 의해 형성된 캐리어는 소스 단자로부터 채널을 통해 드레인으로 흘러나가게 된다.

이때 게이트와 소스의 전압 차이 $V_g - V_s$값(V_{gs})이 채널을 형성시키는 최소의 게이트 전압 V_t(Threshold Voltage)보다 클 경우에만 전류는 흐르게 된다.

소스와 드레인 단자 사이에 있는 반도체 표면은 양 또는 음의 게이트 전압에 따라 전자 또는 정공이 형성되며, 드레인의 전압값에 의해 전류값의 크기를 증가시킬 수 있다.

① NMOSFET

소스와 드레인은 N+ 영역으로 형성하며 기판은 P형 Si로 구성된다. 게이트에 (+) 전압을 인가하면 산화막 아래에 존재하는 정공은 기판 아래로 밀려나며, 전자는 산화막 아래쪽으로 모이게 되는데 이를 채널이라고 한다. 채널을 형성시킬 수 있는 게이트 최소 전압을 문턱전압(V_t, Threshold Voltage)이라고 한다.

게이트 전압이 인가되고 (+) 값의 드레인 전압이 가해지면 소스(N+)로부터 공급되는 전자는 N 채널을 통해 드레인으로 이동하게 된다. 전자의 이동은 NMOSFET의 드레인과 소스 사이에 전류의 흐름이 된다.

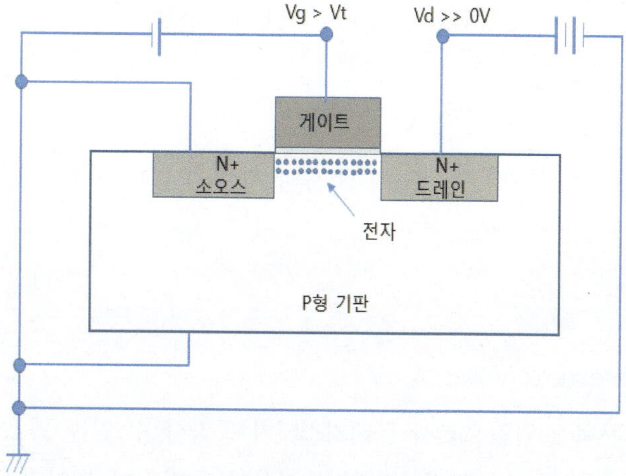

[그림 4.5] NMOSFET의 동작

② PMOSFET

소스와 드레인은 P+ 영역으로 형성하며 기판은 N형 Si 기판으로 구성된다. 그런데 반도체 제조에서 사용하는 Si 기판은 P형 기판을 사용함으로 이를 해결하기 위해 P형 기판 안에 N형 불순물을 주입시켜 기판 역할을 대신 할 수 있도록 하는 N형 Well을 형성시켜 준다.

이를 NWELL이라고 한다. PMOSFET는 NMOSFET와 반대이므로 게이트에 (-) 전압을 인가하면 산화막 아래에 존재하는 전자는 반발력에 의해 기판 아래로 밀려나며, 정공이 산화막 아래쪽으로 모이게 된다. 이때 (-) 값의 드레인 전압이 가해지면 소스(P+)로부터 공급되는 정공은 P 채널을 통해 드레인으로 이동하게 된다. 정공의 흐름으로 PMOSFET의 전류는 흐르게 된다.

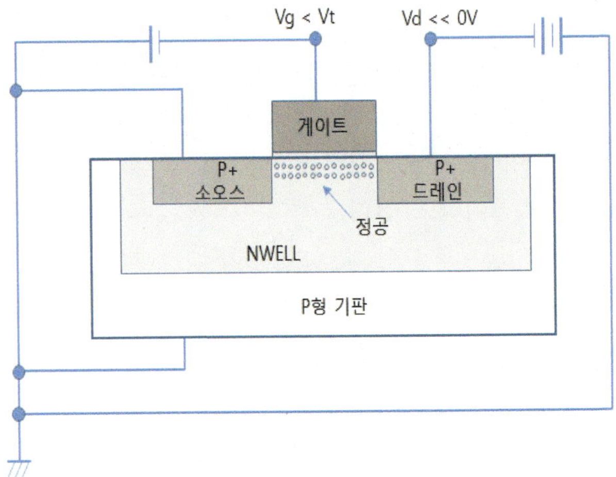

[그림 4.6] PMOSFET의 동작

(2) MOSFET 소자의 파라미터 및 특성

MOSFET 소자의 주요 파라미터는 반도체 소자의 특성을 나타내며 성능을 및 동작 여부를 파악하는 데 매우 중요한 항목이다. 여기에서는 MOSFET 소자의 파라미터 및 각 특성에 대하여 설명하기로 한다.

1) 문턱 전압(V_t, Threshold Voltage)

V_t는 트랜지스터의 문턱 전압값으로서 트랜지스터가 동작할 수 있는 최소의 게이트 전압이며 이 최소의 게이트 전압은 채널에 반전층을 형성시키는 최소의 전압값이다.

V_t가 작을수록 작은 게이트 전압이 인가되었을 때 소자가 더 빨리 동작한다. 보통 동작 속도가 우선시 될 경우에는 낮은 V_t값이 요구되고, 소비전력을 우선으로 생각할 경우에는 높은 V_t값이 요구된다.

2) SS(Subthreshold Slope, S-factor)

문턱 전압보다 작은 게이트 전압 영역을 Subthreshold 영역이라고 하며, 문턱 전압 아래에서는 전류가 흐르지 않을 것으로 생각되지만 채널은 약한 반전에 의해 미세한 전류가 흐른다. 문턱 전압보다 낮은 전압에서 흐르는 전류이므로 Subthreshold 누설 전류라고 한다.

SS(Subthreshold Slope) 값은 소자의 Turn On과 Off 동작이 얼마나 빠른지를 나타내주는 값이다. SS 값은 경사가 심할수록, 즉 그 값이 작을수록 채널에 대한 제어 능력이 좋은 것을 나타낸다.

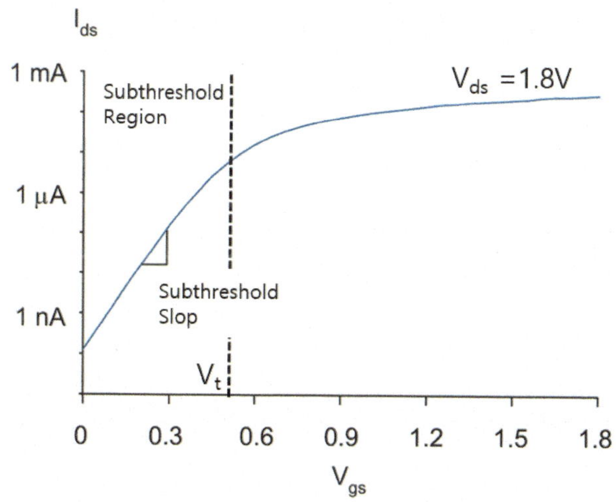

[그림 4.7] Subthreshold 영역과 SS

SS는 게이트 전압(V_g)에 대한 $\log I_d$(드레인 전류의 로그값)의 미분 값의 역수로 정의된다.

$$SS = \left(\frac{\partial \log_{10} I_d}{\partial V_g} \right)^{-1}$$

3) g_m(Transconductance)

g_m은 반전층이 형성된 이후인 포화 영역에서 나타나는 특징으로 게이트 전압의 변화율에 대해 드레인 전류의 변화율을 나타내주는 값이다. 드레인 전류의 변화율의 크기가 크다는 것은 외부 신호의 영향을 잘 받지 않게 된다는 의미이며, g_m값이 크다는 것은 소자의 동작 특성이 좋다는 것을 의미한다. g_m은 포화 영역 드레인 전류값(I_d) 값의 변화량을 게이트 전압(V_g)의 변화량으로 나눈 값으로 정의한다.

$$g_m = \frac{\Delta I_d sat}{\Delta V_g}$$

4) 단채널 효과(Short Channel Effect)

반도체의 성능을 향상시키기 위해서는 반도체의 채널 Length를 줄여야 한다. Ion(On Current)는 MOSFET의 Width/Length에 비례하므로 채널 Length를 줄이면 On Current를 늘릴 수 있다. 하지만 채널 길이가 줄어듦에 따라 단채널 효과가 발생하는데 이는 채널 길이 변조 효과, DIBL, GIDL, Punch Through 등 여러 현상을 발생시킨다.

5) 채널 길이 변조 효과

$V_{gs} - V_t = V_{ds}$가 될 때 Pinch off 현상이 발생하고 이후 V_{ds}가 증가되어지면서 I_{ds}는 일정한 값을 유지하며 포화되어야 한다. 하지만 V_{ds}가 증가함에 따라 드레인 접합면의 공핍층은 더욱 확장되어 채널 길이는 감소하고 I_{ds}는 더욱 증가되어진다. 이를 채널 길이 변조 효과라고 한다.

채널 길이가 길 때는 V_{ds}에 의한 공핍층의 확장이 큰 영향을 미치지 않지만, 채널 길이가 짧을 때는 상대적으로 크게 영향을 받아 채널 길이 변조 효과를 나타낸다. 드레인 접합의 공간 전하층은 드레인 전압에 따라 변화하기 때문에 채널 길이는 V_{ds} 함수이다.

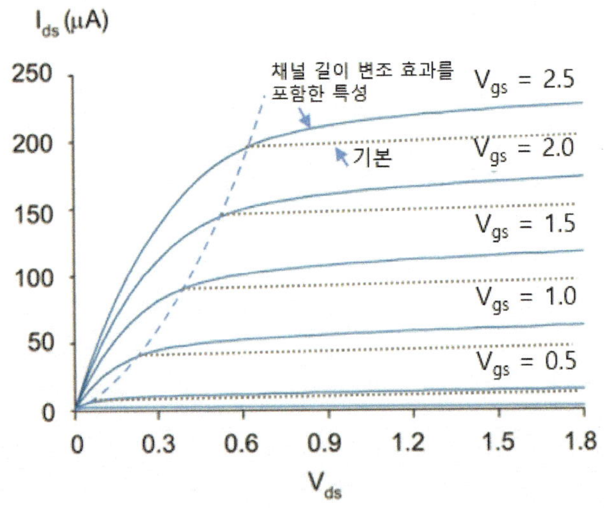

[그림 4.8] 채널 길이 변조 효과

6) DIBL(Drain Induced Barrier Lowering)

일반적으로 MOSFET에서 단채널 효과(Short Channel Effect)의 현상 중 하나로 DIBL 현상이 일어나는데, Subthreshold 영역에서 게이트 전압에 의해 전자가 소스에서 드레인으로 이동할 때, 채널의 길이가 줄어들게 되면 소스와 드레인 간 채널의 전위장벽이 더 낮아지게 되어 누설 전류가 발생하고, 드레인 전압이 인가되면 전위장벽 높이는 더 낮아져 V_t 값이 바뀌게 된다. 이를 DIBL이라고 한다.

게이트 전압(V_g)에 대한 드레인 전류값(I_d)이 Subthreshold 영역에서 포화 영역으로 넘어갈 때 나타나는 특징으로 DIBL은 드레인 전압이 인가되었을 때 V_t의 변동을 알아보는 파라미터이다. DIBL로 인해 누설전류가 발생하고 문턱전압이 낮아지므로 그 값은 작을수록 좋다.

$$DIBL = \frac{\Delta V_{th}}{\Delta V_d}$$

단채널 효과에 의한 전위장벽이 낮아지는 원리를 아래의 그림에 나타내었다. 이를 해결하기 위해 드레인과 기판이 만나는 경계 지역에 Halo 이온주입이나 LDD 이온주입을 하여 이를 완화시킨다.

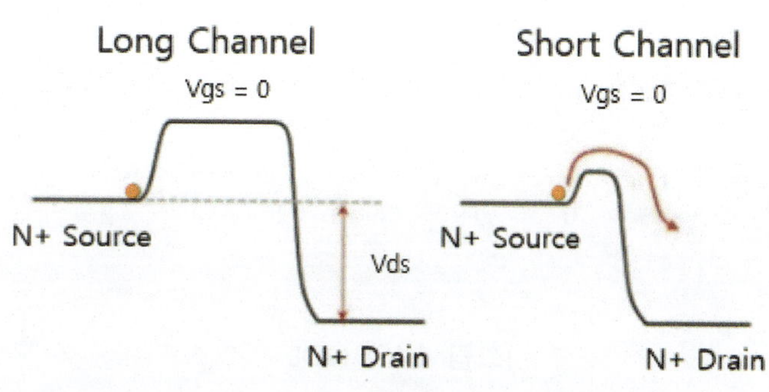

[그림 4.9] 단채널에 의한 DIBL

7) GIDL(Gate Induced Drain Leakage)

GIDL은 게이트 산화막이 얇아짐에 따라 게이트 전압에 의한 강한 전계에 의해 드레인 쪽으로 터널링에 의한 누설 전류가 흐르는 현상이다.

GIDL은 게이트가 음(-)의 전압이 인가된 상태에서 드레인에 양(+)의 전압을 가하면 드레인 쪽은 역방향 전압이 걸리게 되며 게이트와 드레인의 겹친 지역까지 공핍층이 발생하게 된다. 이때 기판으로부터 터널링된 전자 정공쌍(EHP, Electron Hole Pair) 중 전자는 드레인의 강한 전계에 의해 양의 전압인 드레인 쪽으로 이동하고 정공은 기판 쪽으로 이동하여 원치 않는 드레인 누설 전류가 발생한다.

GIDL은 게이트 산화막의 두께가 얇을수록 누설 전류가 증가하게 된다. 트랜지스터의 Ion(On Current)을 증가시키기 위해서는 산화막의 두께를 낮추어야 하지만 반면 누설 전류도 증가하는 문제점이 있다.

GIDL을 줄이는 방법으로는 게이트와 드레인 사이의 전계를 완화시켜야 하며 이를 위해 Halo 이온주입을 하거나 LDD 이온주입을 한다.

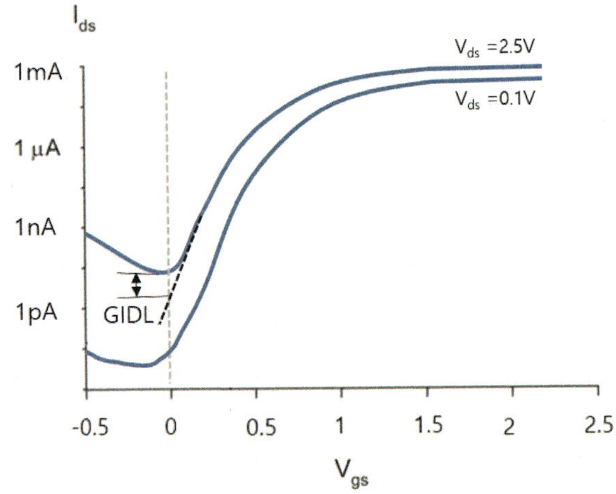

[그림 4.10] GIDL

8) Punch Through

Punch Through는 드레인의 (+) 전압에 의한 역방향 바이어스 효과로 드레인 쪽 공핍층이 넓어지면서 일어나는 현상이다. V_{ds}에 의해 소스와 드레인 접합면의 공핍층 영역이 확장되고 맞닿게 되면 맞닿은 공핍층으로 캐리어가 이동하게 되어 전류가 급격히 증가하게 된다.

Punch Through 전류는 드레인과 소스의 공핍층이 만나기 시작하는 점에서 시작한다. 드레인 전압값의 증가는 DIBL을 유도하며 Subthreshold 전류를 증가시키고 Punch Through를 발생시킨다.

이를 해결하기 위해서 P형 불순물(B)을 채널 아래쪽에 이온 주입하여 기판 농도를 조절하거나, 드레인이 P형 기판과 만나는 접합면 아래에 P형 불순물을 Halo 이온 주입하여 진행한다.

9) Hot Carrier

NMOSFET의 경우, 드레인 전압에 의한 강한 전계에 의해 전자는 큰 운동에너지를 가지게 되고 드레인 쪽으로 가속되는데 이를 Hot Carrier라고 한다.

가속된 전자는 드레인 쪽으로 이동하면서 게이트의 (+) 전압에 의해 게이트 산화막 내에 포획(Trap)되고 포획된 전자는 채널에 다른 전자들을 오지 못하게 방해하기 때문에 문턱 전압을 증가시킨다. 또한 가속된 전자는 채널을 통해 이동하면서 충돌 이온화에 의해 전자 정공 쌍을 발생시키고 정공은 기판으로 흘러 들어가 Subthreshold Leakage를 증가시켜 소자의 특성을 저하시킨다. 이를 해결하기 위해서는 소스/드레인과 접하는 경계면의 도핑 농도를 낮추는 LDD 공정을 진행하여 전계를 완화하고 스트레스를 감소시킨다.

학습문제 제4장 1. MOSFET

01 MOSFET의 약자를 풀어쓰고 이를 설명하시오.

02 MOS 구조의 전계효과 중 게이트 전압 V_g가 크게 증가하면 전계의 증가에 의해 산화층과 실리콘의 경계 면에 소수 캐리어인 전자가 모이는 현상은?

① 공핍 모드 ② 반전 모드
③ 축적 모드 ④ 바디 바이어스 효과

03 게이트 전압(V_g)이 기판 전압(V_b)보다 낮은 전위를 갖는 경우, MOS 구조의 동작 모드는?

① 반전 모드 ② 축적 모드
③ 증가 모드 ④ 공핍 모드

04 (ㅂ ㄷ ㅂ ㅇ ㅇ ㅅ ㅎ ㄱ)는 $V_g \gg 0$ 상태에서 기판(Bulk 또는 Body)의 전압이 (–)로 바이어스되어 있을 때의 그 효과를 말하는데 이때 문턱 전압값은 (올라간다, 내려간다).

05 MOSFET에서 반전층을 형성시키는 게이트의 최소 전압을 (ㅁ ㅌ ㅈ ㅇ , Vt) 이라고 하며, 이때 형성된 반전층은 MOSFET에서 (ㅊ ㄴ)로 사용되어져 소스(Source)와 드레인(Drain)을 연결시켜 전류를 흐를 수 있게 하는 통로 역할을 한다.

06 트랜지스터의 동작영역은 각 단자의 전압 변화율에 따라 (   ) 영역, (   ) 영역, (   ) 영역으로 나누어진다.

07 드레인 접합의 공핍층이 커져 드레인 부근의 채널이 드레인 영역과 차단되는 현상은?

① 핀치 오프(Pinch Off) 현상 ② 사태 항복(acalanche breakdown)현상
③ 포화(saturation) 현상 ④ 반전(inversion) 현상

08 NMOSFET의 V_{gs}에 따른 $V_{ds} - I_d$ 특성 곡선을 그리시오.

09 NMOSFET의 드레인과 소스는 N+ 영역으로 형성하며 기판은 P형 Si로 구성된다. 게이트에 (+) 전압을 인가하면 산화막 아래에 존재하는 (ㅈ ㄱ)은 기판 아래로 밀려나며, (ㅈ ㅈ)는 산화막 아래쪽으로 모이게 되는데 이를 (ㅊ ㄴ)이라고 한다.

10 Subthreshold 누설전류에 관해 설명하시오.

11 일반적으로 MOSFET에서 단채널 효과(Short Channel Effect)에 의해 일어나는 현상 중 하나로 드레인 전압이 인가되면 소오스와 드레인간 전위장벽의 높이는 더 낮아져 V_t 값이 바뀌는 현상을 무엇이라 하는가?

12 (G I D L)은 게이트가 음(−)의 전압이 인가된 상태에서 드레인에 양(+)의 전압을 가하면 드레인 쪽은 역방향 전압이 걸리게 되면서 드레인의 강한 전계에 의해 드레인 누설 전류가 발생한다.

13 g_m(Transconductance)은 반전층이 형성된 이후인 포화 영역에서 나타나는 특징으로 게이트 전압의 변화율에 대해 드레인 전류의 변화율을 나타내주는 값으로 g_m 값이 (크다, 작다)는 것은 소자의 동작 특성이 좋다는 것을 의미한다.

14 단채널 효과(Short Channel Effect)에 대해 설명하시오.

15 Short Channel Effect에 의한 현상으로, 드레인 전압에 의한 강한 전계에 의해 전자는 큰 운동에너지를 가지게 되고 드레인 쪽으로 가속되는데 이를 (H C)라고 한다.

SECTION 02

CMOS 인버터

1 CMOS 인버터의 이해

(1) CMOS 인버터란?

1) CMOS 인버터(Inverter)의 구조

CMOS 인버터(Inverter)는 NOT 게이트의 논리 동작을 수행하는 기본 논리게이트이다. CMOS 인버터의 구조는 NMOS와 PMOS가 직렬로 연결되어 있으며, 게이트에 인가되는 전압값에 따라 소스와 드레인 사이를 전기적으로 On/Off 시키는 동작에 의해 출력이 결정된다. 2개의 트랜지스터가 상보적(Complementary)으로 스위칭 동작을 하므로 CMOS 인버터라고 한다.

그림에 나타낸 바와 같이 입력은 NMOS와 PMOS의 게이트에 공통 연결되어 있으며 출력은 NMOS와 PMOS의 드레인에 공통 연결되어 있다. NMOS의 소스는 접지되고 PMOS의 소스는 전원전압에 연결되어 있다.

아래의 그림은 CMOS 인버터의 공정 단면도를 개략적으로 나타내었다.

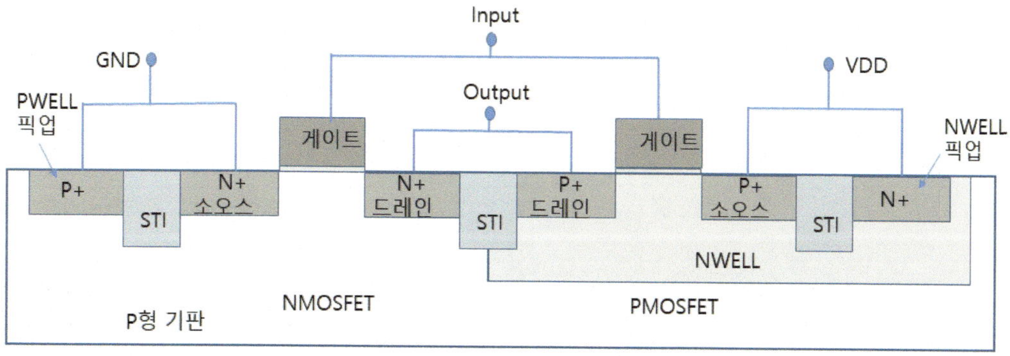

[그림 4.11] CMOS 인버터의 구조

2) CMOS 인버터의 논리 구현

NMOS와 PMOS는 상보적(Complementary)으로 스위칭 동작을 하는데 NMOS는 Pull-down 트랜지스터라고 하고, PMOS는 Pull-up 트랜지스터라고 한다. NMOS는 출력을 GND(Ground)로 끌어내리는 역할을 하며, PMOS는 출력을 전원전압(VDD)으로 끌어올리는 역할을 하기 때문이다.

입력값이 논리 1(High)의 경우 PMOS의 게이트는 High가 되고 소스는 VDD로 같아 게이트와 소스 사이에 전압 차이(V_{gs})가 V_t보다 작게 되므로 PMOS는 Off가 상태가 된다. 이에 출력값은 VDD에 연결되지 않아 전원전압을 공급받지 못하게 된다. 또한 NMOS의 게이트도 High인데 소스인 GND와의 전압 차이(V_{gs})가 V_t보다 크므로 On 상태가 되어 출력값은 GND에 연결이 되고 '0' 신호를 출력하게 된다.

이와 반대로 입력값이 논리 0(Low)의 경우 NMOS는 게이트 입력값이 0이면 소스도 0이므로 V_{gs}가 V_t보다 작으므로 Off 상태가 되어 출력값이 GND에 연결되지 않으며, PMOS의 소스는 VDD인데 게이트는 low이므로 V_{gs}가 V_t보다 커 On 상태가 되어 출력값은 VDD에 연결되고 전원전압을 공급받게 된다. 이에 출력값은 '1' 신호를 출력하게 된다.

CMOS 인버터의 특징으로는 1 또는 0의 입력 신호에 대해 두 MOSFET 중 한 개만이 On 상태가 되므로 VDD로부터 GND로 흐르는 대기 전류(Standby Current)가 흐르지 않게 된다. 이에 거의 전력을 소모하지 않아 저전력 소모 소자라고 한다.

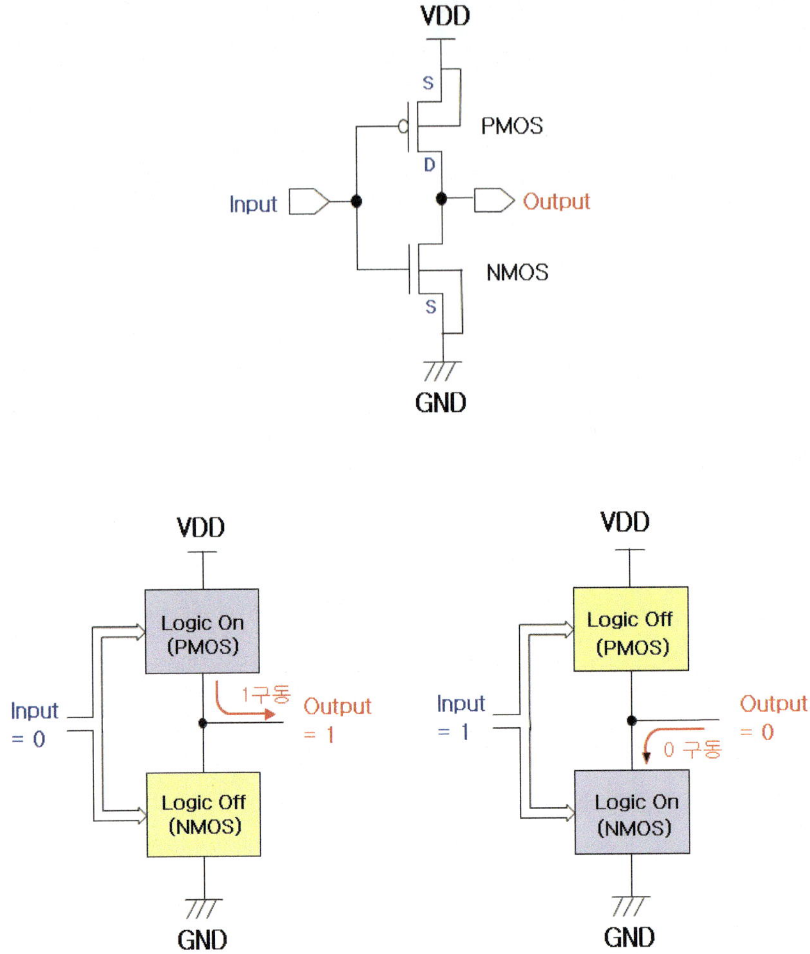

[그림 4.12] CMOS 인버터의 동작

디지털회로에서 보통 한 개의 전원전압 VDD와 GND를 사용한다. 정 논리(Positive Logic)를 사용하는 경우 VDD를 논리 1(High), GND를 논리 0(Low)로 사용한다. 아래의 그림은 인버터의 기호 및 진리표를 나타내었다.

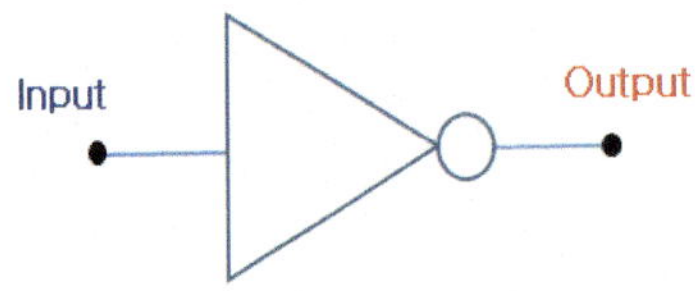

Input	Output
0	1
1	0

(a) 기호 (b) 진리표

[그림 4.13] CMOS 인버터의 기호 및 진리표

2 CMOS 인버터 레이아웃

CMOS(Complementary Metal Oxide Semiconductor) Inverter 회로는 NMOS 트랜지스터와 PMOS 트랜지스터를 아래의 회로도 (a)와 같이 연결하여 사용하는 기본적인 논리회로이다. CMOS 논리회로에서는 MOS 소자들이 게이트에 인가되는 입력값에 따라 소스와 드레인 사이를 전기적으로 On/Off 하는 동작에 의해 출력값이 결정된다. 인버터는 입력의 논리값을 반전시키는 기능을 한다.

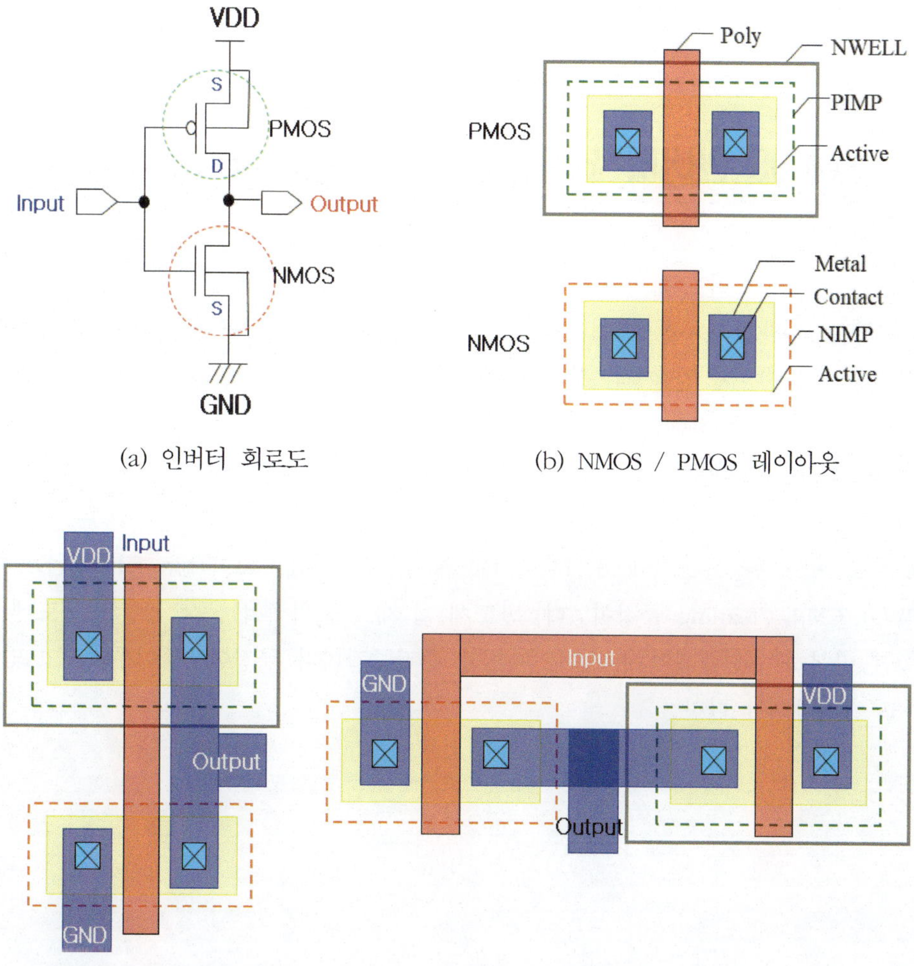

(a) 인버터 회로도 (b) NMOS / PMOS 레이아웃

(c) 인버터 레이아웃 (d) 인버터 레이아웃

[그림 4.14] CMOS 인버터 레이아웃

CMOS 제조공정을 이해하기 위해서는 회로도에 대한 레이아웃의 이해가 필요하다. 레이아웃은 회로가 동작할 수 있도록 하는 패턴도이며, 패턴도는 위에서 바라본 모습을 2차원적으로 나타낸 도형적인 패턴 데이터로써 CMOS 인버터를 제조하기 위해서는 트랜지스터 및 배선에 대한 레이아웃이 필요하다.

반도체 제조공정은 레이아웃의 패턴대로 제조하면 되는데. 아래의 그림 (b)에서는 NMOS와 PMOS에 대한 레이아웃을 각각 나타내었다. 그리고 회로도 (a)에 대해 NMOS와 PMOS를 위아래로 배치하여 레이아웃하면 (c)와 같이 되며 일반적인 레이아웃 시에는 이처럼 배치하고 배선한다. 하지만 반도체 제조공정을 단계별로 진행할 때 공정의 순서 및 패턴의 모습을 이해하기 위해서 (d)와 같이 NMOS와 PMOS를 좌우로 배치하고 레이아웃하여 설명하기로 한다.

3 CMOS 인버터 제조공정(소자 분리 공정)

지금까지 앞 장에서는 반도체 제조공정을 위한 각 단위공정에 대해 학습하였으며 MOSFET에 대해서도 학습하였다. 이는 실제적인 소자 또는 칩을 제조하기 위한 공정 및 소자 기술이었으며 이를 토대로 하여 반도체 칩을 제조하여야 한다. 이렇게 각 단위 공정들을 이용하여 전체적인 반도체 제조공정을 진행하는 단계를 종합공정이라고 하며 Process Integration 또는 Process Architecture라고도 한다.

반도체 주요 단위공정들은 Photo, Etch, Diffusion, Ion Implant, Thin Film(CVD), Thin Film(PVD), CMP, Cleaning 공정이었다. 반도체 칩 제조를 위해서는 각 공정을 용도에 맞게 수십 차례 반복하여 진행해야 한다. 또한 공정 중간중간마다 공정이 잘 이루어지고 있는지 체크하고 측정하여야 한다.

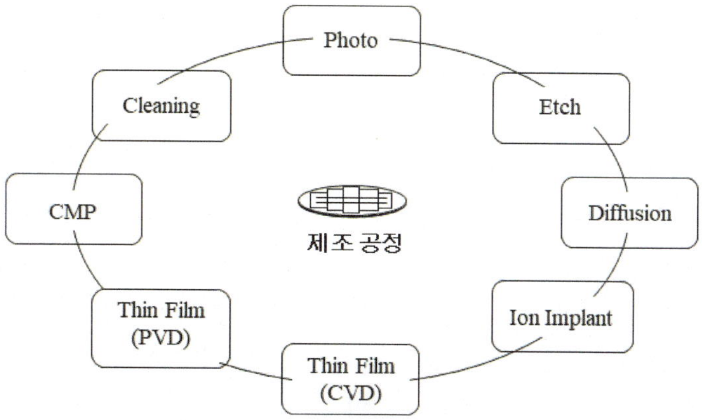

[그림 4.15] 웨이퍼 제조 공정

다음은 CMOS 인버터를 제조하기 위한 각 공정을 인버터 레이아웃에 대해 순서대로 설명하였다. 순서 및 공정에 관한 세부 내용은 종합반도체 회사별 또는 공정 수준이나 소자 기술에 따라 다소 달라질 수 있으니 이를 참고하여야 한다.

CMOS 인버터 제조를 위해 웨이퍼를 준비 및 투입하고 일련의 순서대로 공정을 진행한다.

1) 산화막(A) 증착(Pad Oxide, SiO_2)

웨이퍼 위에 제일 먼저 얇은 산화막을 열산화시킨다. 900[℃]의 확산로에 웨이퍼를 넣고 O_2 가스를 주입하여 Si을 산화시킨다. 산화막 증착막을 형성시키는 목적은 다음 공정의 질화막 성장 시 질화막과 실리콘 기판과의 열팽창 차이에 의해 부착 특성이 좋지 않으므로 버퍼 산화막을 형성시켜 Si 기판에 질화막을 잘 증착시키기 위함이다. 산화막의 두께는 100[Å] 이내에서 증착한다.

2) 질화막 증착(Si_3N_4)

초기 산화막 위에 질화막을 증착시키는 공정으로 소자와 소자 사이를 분리하는 산화막을 증착 후 CMP시 질화막이 Stop 층으로의 역할을 한다. 질화막의 두께는 1000[Å] 이내에서 공정 조건에 맞는 두께로 조절하여 증착한다.

3) Isolation 감광막(PR) 형성

(양성 감광막 코팅 - 노광 - 현상)

Isolation이란 소자 분리 기술을 말한다. 소자가 형성되는 액티브와 액티브 사이의 영역을 전기적 절연을 위해 Field Oxide를 형성해주어 소자와 소자 사이를 절연시켜 주는 역할을 한다. 이를 위해 먼저 Active Mask를 이용하여 감광막 형성공정을 진행한다.

감광막 형성공정은 제일 먼저 양성 PR을 코팅하고 소자가 형성되어질 Active 영역의 Mask를 이용하여 노광 공정을 진행한다. 이때 Active Layer의 Field Polarity는 Field Clear이다.

Active 영역은 감광막에 의해 보호돼야 할 지역이고 그 외 Field 지역은 식각되어야 할 부분인데, 일반적으로 양성 PR을 사용하므로 노광 공정 후 현상 시 없어져야 할 Active 영역 이외의 부분에 빛을 쪼여 주어 현상 공정을 진행한다.

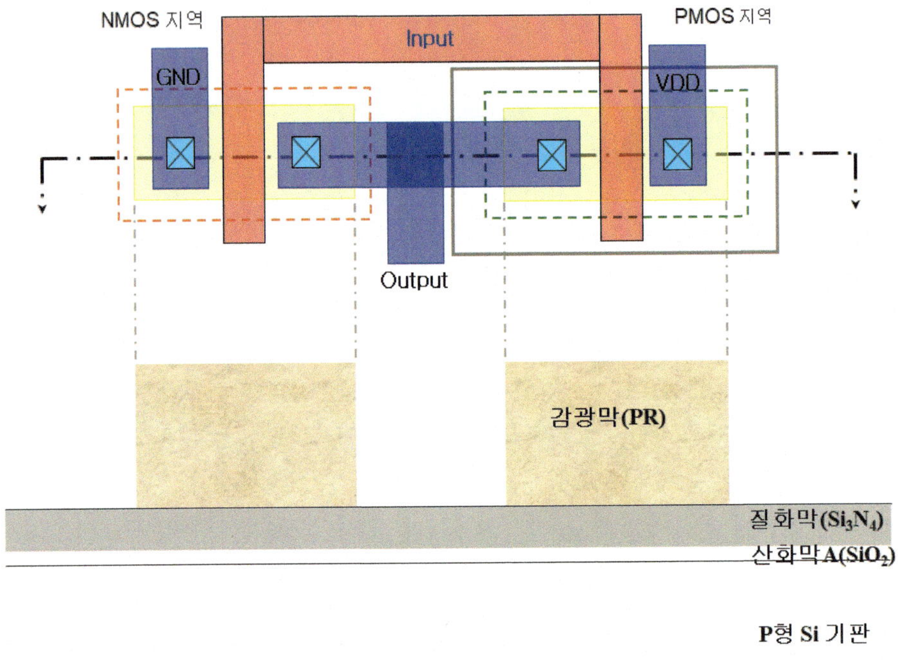

4) 질화막 식각

패터닝되어진 Active Mask를 사용하여 질화막을 건식 식각한다.

5) 산화막A 식각

질화막 식각 후 산화막A를 건식 식각한다.

6) Si 기판 식각

질화막과 산화막A를 식각한 후에 Si 기판을 건식 식각한다. 이로 인해 NMOS와 PMOS 소자 사이는 식각을 하여 분리된다. 이러한 방법을 STI(Shallow Trench Isolation)라고 하는데 얕게 판 트렌치 모양의 소자 분리 기술이라고 한다. STI 식각의 깊이 및 각도는 이후 소자 절연 특성에 영향을 미치는 중요한 요소이다. STI 식각 깊이는 3000[Å] 내외로 식각하며, 식각 각도는 80° 내외이다. 식각하는 깊이가 깊어 식각 가스의 에너지에 의해 Si 변위 결함(Dislocation)이 발생하기도 한다.

7) 감광막 제거(PR Strip)

STI 영역을 확보한 후 감광막을 O_2 가스를 사용하여 제거한다.

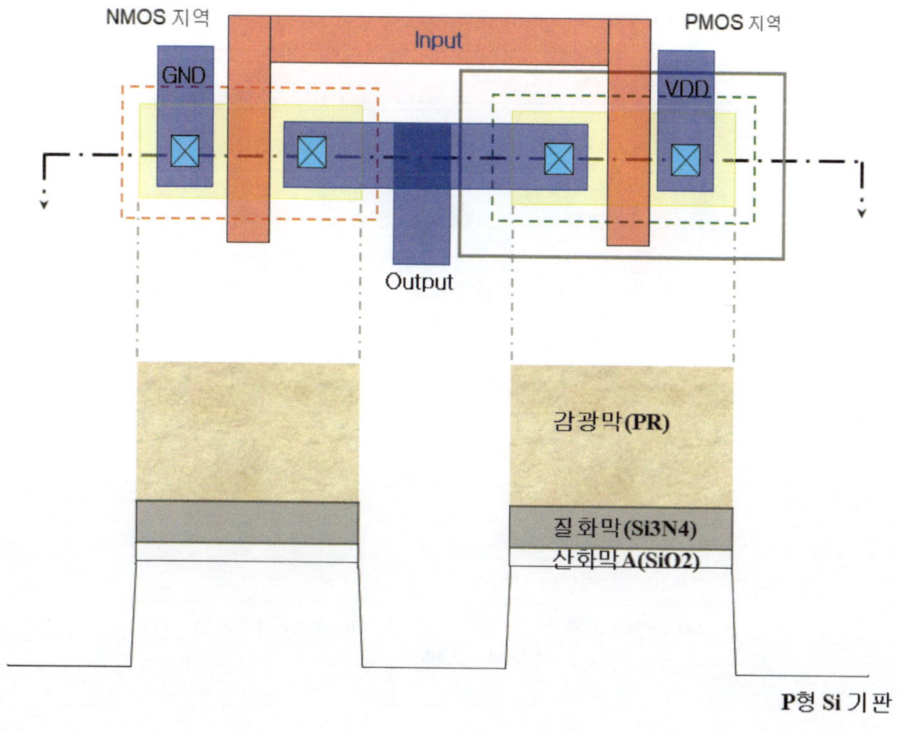

8) 산화막(B) 증착

식각한 STI 지역에 HDP CVD 공정을 이용하여 산화막을 형성하여 매립한다. 이는 간극의 채움 특성을 좋게 하기 위함이다.

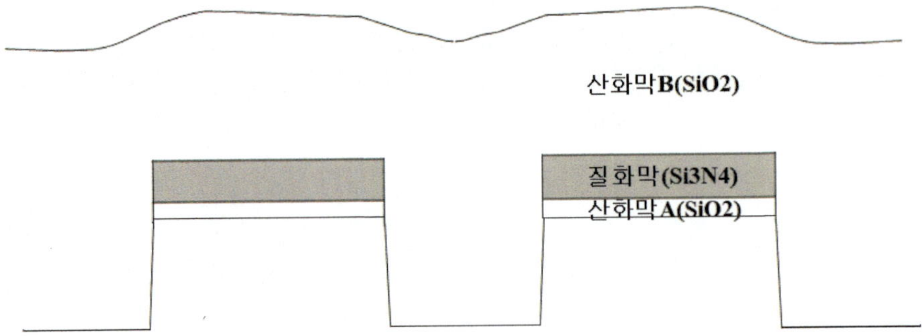

9) 산화막B / 질화막 / 산화막A 연마

STI 단차에 의해 달라진 높이의 산화막(B) 두께를 CMP를 이용하여 평탄화시킨다. 다음으로 질화막 및 산화막A를 습식식각으로 제거한다. 이로 인해 STI 지역과 Active 지역만 남게 된다.

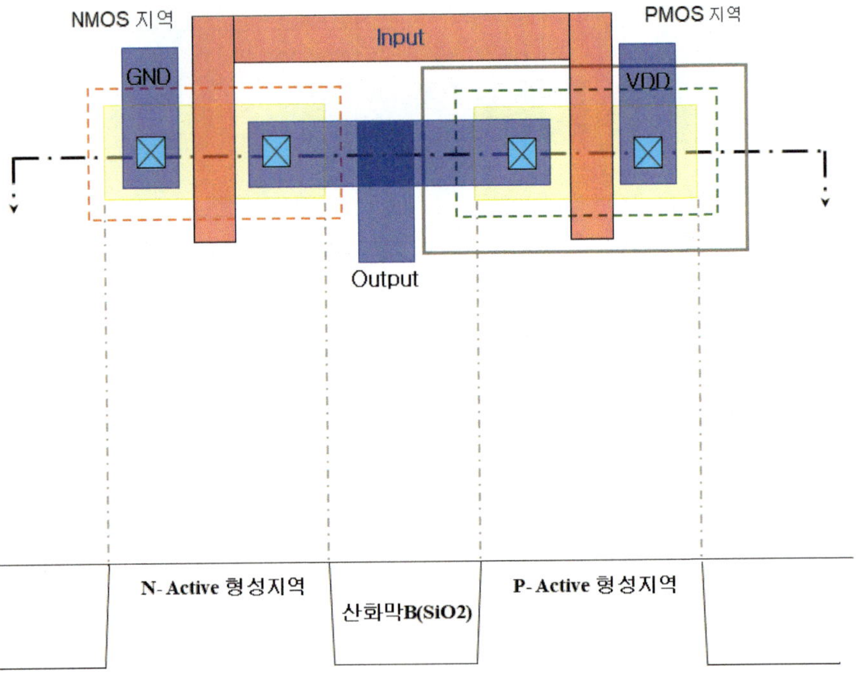

4 CMOS 인버터 제조공정(WELL 형성공정)

10) NWELL 감광막 형성

(양성 감광막 코팅 - 노광 - 현상)

PMOS 트랜지스터가 형성될 지역의 기판으로 사용되어지는 NWELL 지역을 형성하기 위해 NWELL Mask로 감광막 공정을 진행하여 패터닝한다. 이때 사용하는 NWELL Layer의 Field Polarity는 Field Dark이다.

11) N형(P, 인) 이온주입

형성된 NWELL Mask를 이용하여 5가 불순물인 인(P)을 이온 주입하여 NWELL을 형성한다. NWELL 형성 깊이는 4000[Å] 내외로 깊이 형성하는데 소자 특성의 용도에 맞춰 1차, 2차, 3차로 에너지 및 양을 조절하여 이온 주입한다. 높은 WELL 농도를 만들어줌으로써 WELL 저항을 낮게 만든다.

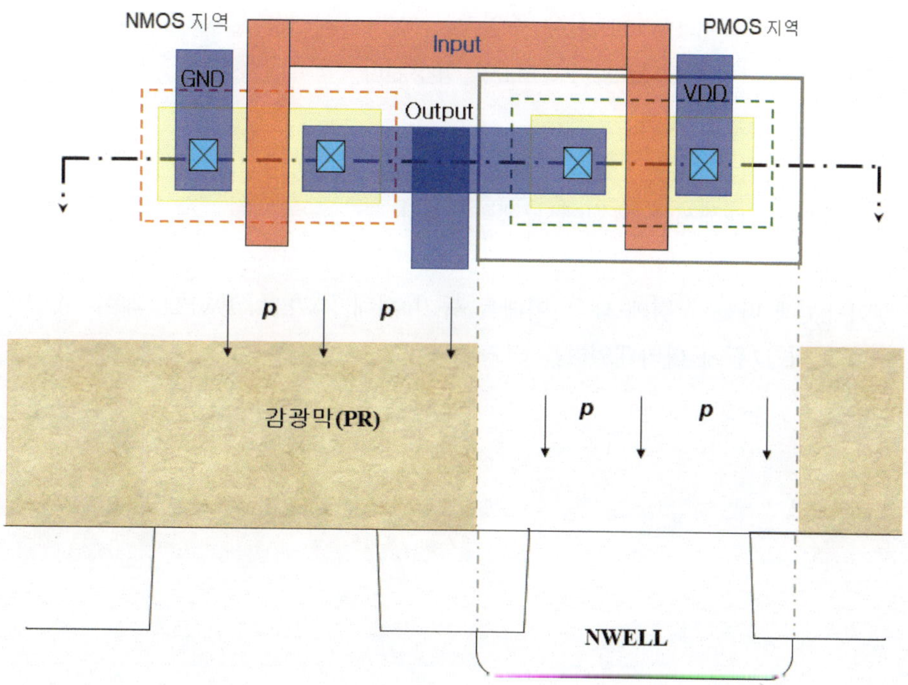

12) P-Channel V_t 이온주입 및 PR 제거

NWELL 안에는 형성되어질 PMOS의 문턱전압 조절을 위해서 P-Channel 이온주입을 3가 불순물인 붕소(B)을 사용하여 이온 주입한다.

13) PWELL 형성 및 N-Channel V_t 이온 주입

PWELL Mask로 붕소(B)를 이온 주입하여 PWELL을 형성한 다음, 같은 Mask로 PWELL안에 형성될 NMOS의 문턱 전압 조절을 위해 5가 불순물인 인(P)를 사용하여 N-Channel V_t 이온 주입한다.

PWELL Mask의 경우에는 NWELL과는 달리 Field Polarity가 반대이므로 양성 PR의 경우 PWELL 레이아웃 패턴이 있는 경우에는 감광막이 남게 되어 PWELL 이온 주입이 안되므로 PWELL 형성이 안되고, 레이아웃 패턴이 없는 지역에는 감광막이 남지 않게 되어 PWELL이 형성되어진다.

그러므로 상기 레이아웃에서 PWELL을 형성하기 위해서는 NWELL 레이아웃을 PWELL로 덮어주어 감광막을 남게 하여 PWELL 이온 주입 시 NWELL 지역을 보호하고, 나머지 그려지지 않은 지역은 감광막이 제거되므로 PWELL이 형성된다.

상기의 CMOS 인버터 레이아웃 및 단면도에서는 이를 단순화시키고 이해를 쉽게 하기 위해 PWELL형성 공정에 대해서는 그림에서 생략하였다.

WELL 레이아웃에 따른 공정에 대한 이해를 돕기 위해 NWELL, PWELL 레이아웃 및 공정 단면도를 아래의 그림에 나타내었다.

WELL 레이아웃
(NWELL, PWELL)

단면도

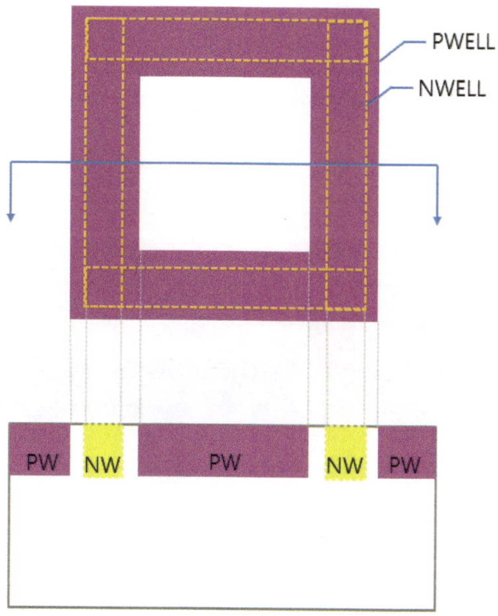

5 CMOS 인버터 제조공정(게이트 형성공정)

14) Gate 산화막(Gate Oxide) 형성

열산화 공정을 이용하여 Gate 산화막을 형성한다. Gate 산화막은 게이트와 Si 기판과의 절연막 역할을 하며 Gate 산화막의 두께는 트랜지스터의 전류 특성에 영향을 미치는 아주 중요한 요소이다. Gate 산화막의 두께는 수십Å 이내로 한다.

15) Poly Si 증착

트랜지스터의 게이트로 사용하는 Poly Si를 LPCVD에 의해 증착한다. Poly Si의 두께는 1000[Å] 내외이다. 공정에서 진행하는 증착 두께 또는 식각 깊이는 소자의 특성 및 공정 조건에 따라 달리함에 여기에서 기술하는 공정 조건은 대략적인 두께로서 학습의 용이화를 위함이다.

Poly Si을 증착 후 트랜지스터의 특성 향상을 위해서 NMOS 게이트가 형성되어질 부분에 Mask 공정을 진행하여 N형 불순물을 주입하는 N-Poly 이온주입 공정을 진행하기도 한다.

16) Poly Si 감광막(PR) 형성

(양성 감광막 코팅 - 노광 - 현상)

Poly Mask를 이용하여 감광막 공정을 진행한다. 이때 Poly Si Layer의 Field Polarity는 Field Clear이다.

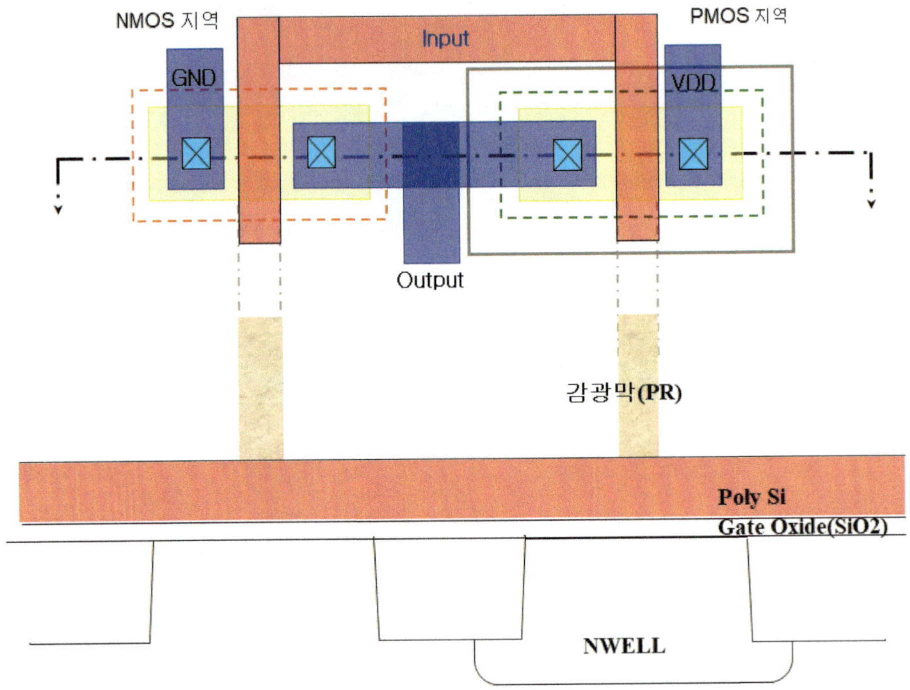

17) 게이트 식각

Poly Mask를 이용하여 Poly 게이트를 제외한 불필요한 부분을 식각한다.

18) 산화막 식각

게이트 식각 후 이어서 산화막을 식각한다.

19) 감광막(PR) 제거

게이트 및 산화막 식각을 완료한 후 감광막을 제거한다.

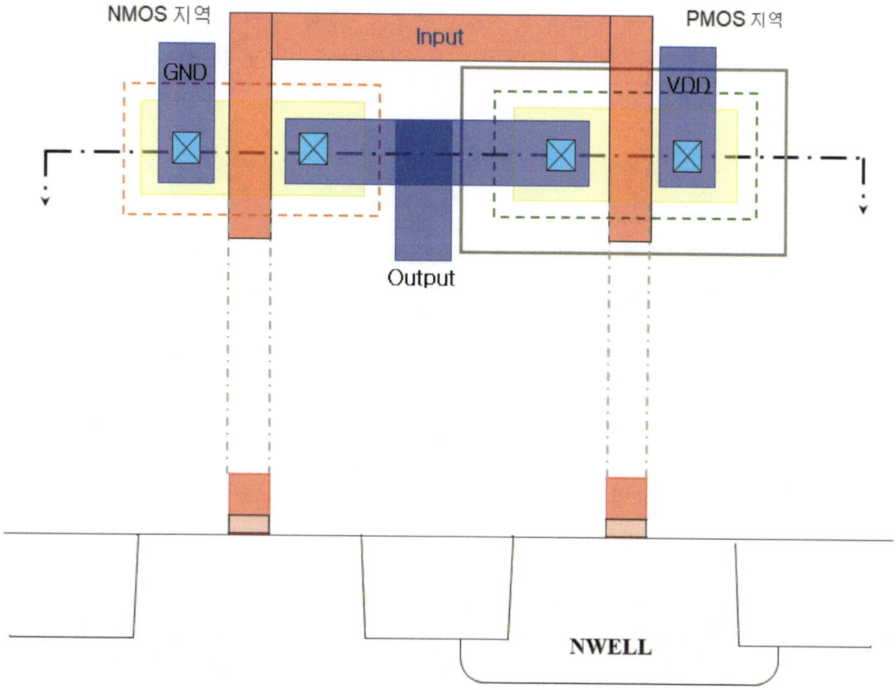

6 CMOS 인버터 제조공정 (Source / Drain 형성공정)

20) LDD(Lightly Doped Drain) 감광막 형성

(양성 감광막 코팅 - 노광 - 현상)

NMOS 지역의 소스와 드레인 형성을 위한 N-Implant Mask를 사용하여 LDD를 형성하기 위한 감광막 공정을 진행한다. LDD는 Lightly Doped Drain의 약자로 가볍게 도핑된 드레인이라는 뜻이다. LDD Layer의 Field Polarity는 Field Dark이다.

LDD의 목적은 NMOS 트랜지스터의 드레인 전압에 의해 캐리어(전자 또는 정공)가 가속되어 소자 특성을 저하시키는 특성을 방지하기 위함이다. 고농도로 이온 주입된 소스와 드레인에 의한 강한 전계는 소스와 드레인 지역과 채널이 만나는 경계 지역의 도핑 농도를 줄여줌으로써 전계효과를 감소시킬 수 있다.

LDD라고 하는 용어 대신 N형 불순물의 농도를 낮추어 이온을 주입하였다 하여 N- 라는 용어를 사용하기도 한다. NMOS의 경우에는 LDD 공정을 진행하고 PMOS의 경우에는 Pocket 공정을 진행한다.

21) N– 이온(P, 인) 주입

형성된 LDD Mask를 이용하여 5가 불순물인 인(P)을 이온 주입한다. 일반적인 이온주입 조건은 수 KeV의 에너지로 N-의 도핑 농도는 10^{13}~10^{15}[개/cm^2] 이내의 이온주입 양으로 주입한다. 이온주입에서 가장 중요한 요소는 에너지와 농도로서 이온의 깊이와 양을 조절할 수 있다.

22) 감광막(PR) 제거

N- 이온(P, 인)을 주입 후 감광막을 제거한다.

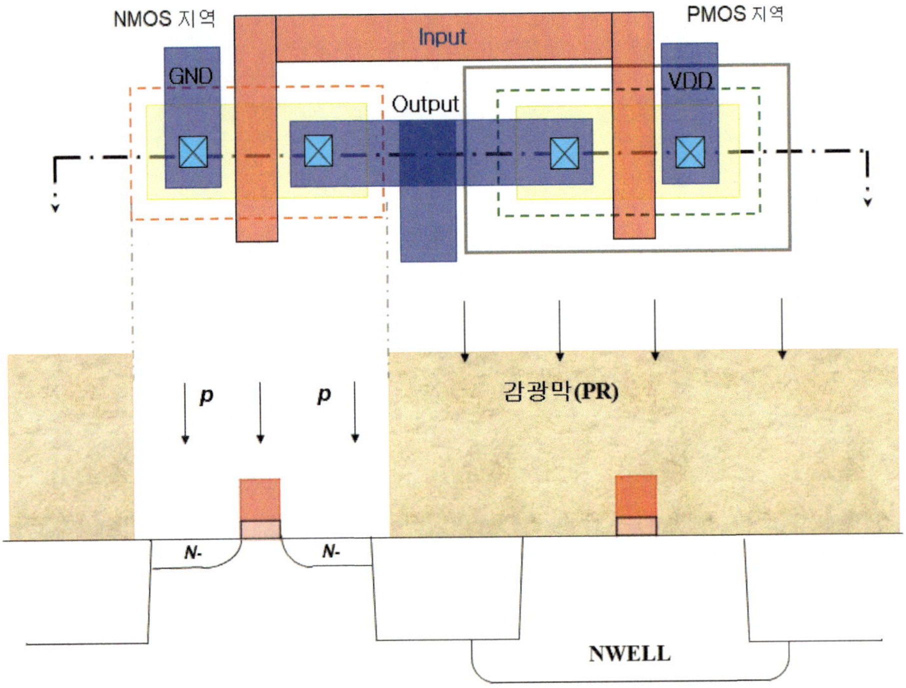

23) Pocket 감광막 형성

(양성 감광막 코팅 - 노광 - 현상)

PMOS 지역의 소오스와 드레인 형성을 위한 P-Implant Mask를 사용하여 Pocket을 형성하기 위한 감광막 공정을 진행한다. Pocket Layer의 Field Polarity 또한 LDD Layer와 같은 Field Dark이다. Pocket Implant는 PMOS 트랜지스터의 드레인 전압에 의해 캐리어(전자 또는 정공)가 가속되어 소자특성을 저하시키는 특성을 방지하기 위함이다. Pocket이라는 용어 대신 P-라는 용어를 사용하기도 한다.

24) P– 이온(B, 붕소) 주입

형성된 P-Implant Mask를 이용하여 3가 불순물인 붕소(B)를 이온 주입한다. P-는 도핑 농도가 ~10^{13}[개/cm^2] 이내의 경우를 말한다.

25) 감광막(PR) 제거

P- 이온(B, 붕소)을 주입 후 감광막을 제거한다.

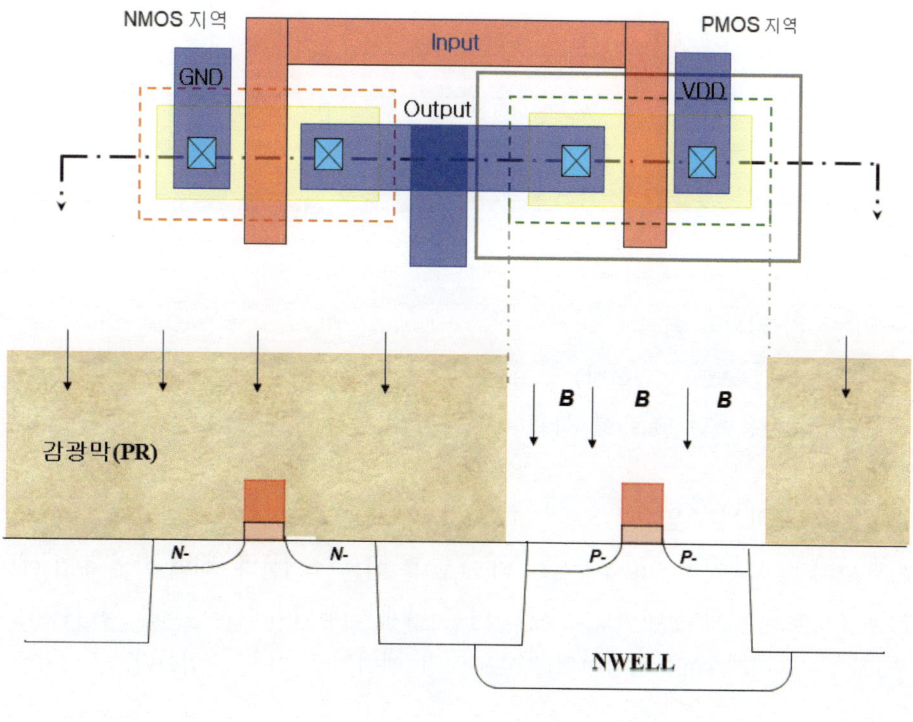

26) 산화막 증착(Spacer Oxide 증착)

형성된 Poly Si의 패턴 위에 산화막을 CVD에 의해 증착한다. Spacer Oxide를 형성하기 위함으로 Spacer Oxide는 N+/P+의 소스와 드레인을 형성하기 위해 Poly Si 게이트의 측벽에 산화막을 형성하는 공정이다.

또 다른 방법으로는 1차 산화막을 얇게 증착한 후 2차로 질화막을 증착하여 이중 스페이서 구조를 형성하는 방법도 있다.

27) 산화막 식각

Poly Si의 패턴 위에 증착한 산화막을 증착한 두께만큼 그대로 식각한다. 이를 Blanket Etch라고 한다. Blanket Etch를 진행하면 평면 위의 산화막 두께는 모두 식각되는데 Poly Si 게이트 측벽에는 산화막이 남게 된다. 이를 Spacer Oxide라고 한다. 이 측벽 산화막이 있는 아래의 지역은 N+/P+ 이온주입 시 장벽(Barrier)으로 사용되어 N+/P+가 되지 않고 이전 공정에서 진행하였던 N-와 P-를 유지하게 된다.

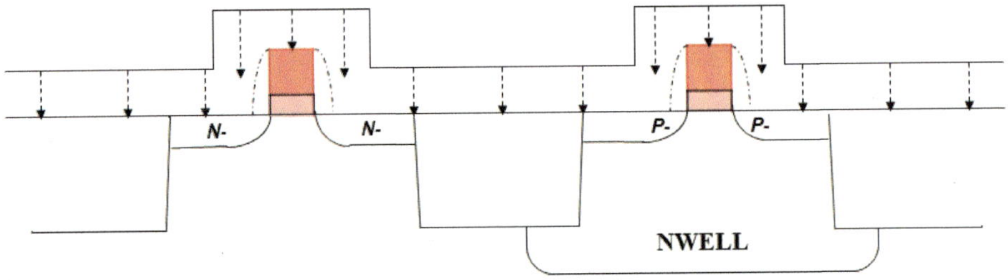

28) N+ 이온주입 감광막 형성

(양성 감광막 코팅 - 노광 - 현상)

N- 이온주입 시 사용했던 Mask를 사용하여 감광막 공정을 진행한다.

29) N+ 이온(As, 비소) 주입

N-Implant Mask를 이용하여 5가 불순물인 비소(As)를 이온 주입한다. 이때 이온 주입 에너지와 농도는 N- Implant 대비 상대적으로 세고 양은 많게 진행되어 N+ 영역을 형성한다. N+의 도핑 농도는 $\sim 10^{15}$[개/cm^2] 이상이며, 수 MeV의 에너지로 이온 주입한다.

Spacer 산화막 아래 지역은 N+ 이온주입이 되지 않아 이미 진행했던 N- 영역이 유지된다.

30) 감광막 제거

N+ 이온 비소(As)를 주입 후 감광막을 제거한다.

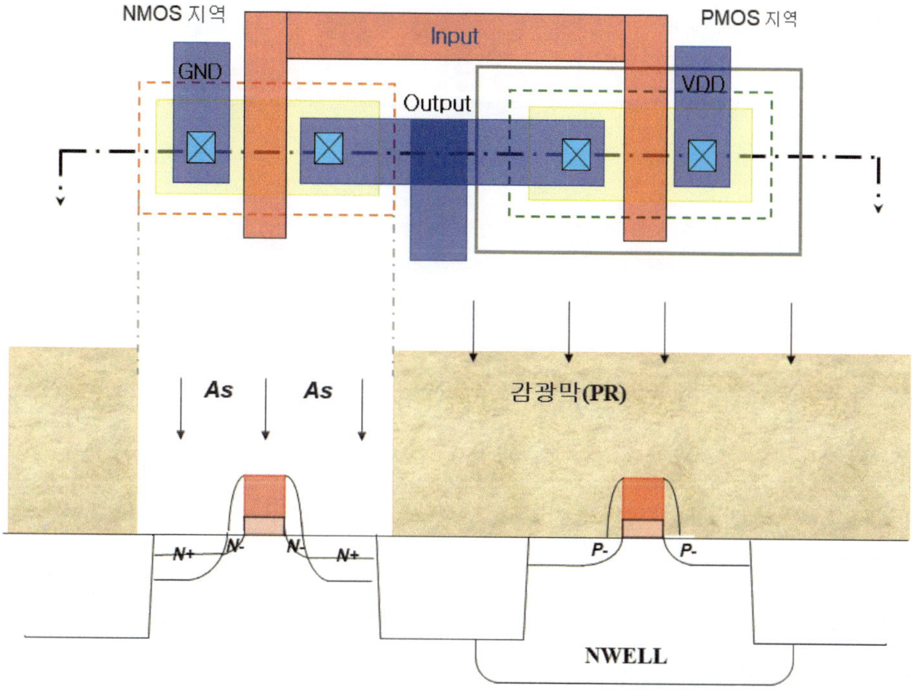

31) P+ 이온 주입 감광막 형성

(양성 감광막 코팅 - 노광 - 현상)

P- 이온주입 시 사용했던 Mask를 사용하여 감광막 공정을 진행한다.

32) P+ 이온(BF_2) 주입

N+공정을 진행했던 바와 똑같은 방식으로 P-Implant Mask를 이용하여 3가 불순물인 BF_2를 이온 주입한다. P+ 이온주입 조건에 맞게 에너지와 농도를 조절하여 이온 주입한다.

Spacer 산화막 아래 지역은 P+ 이온주입이 되지 않아 이미 진행했던 P- 영역이 유지된다.

33) 감광막 제거

P+ 이온(BF_2) 주입 완료 후 감광막을 제거한다.

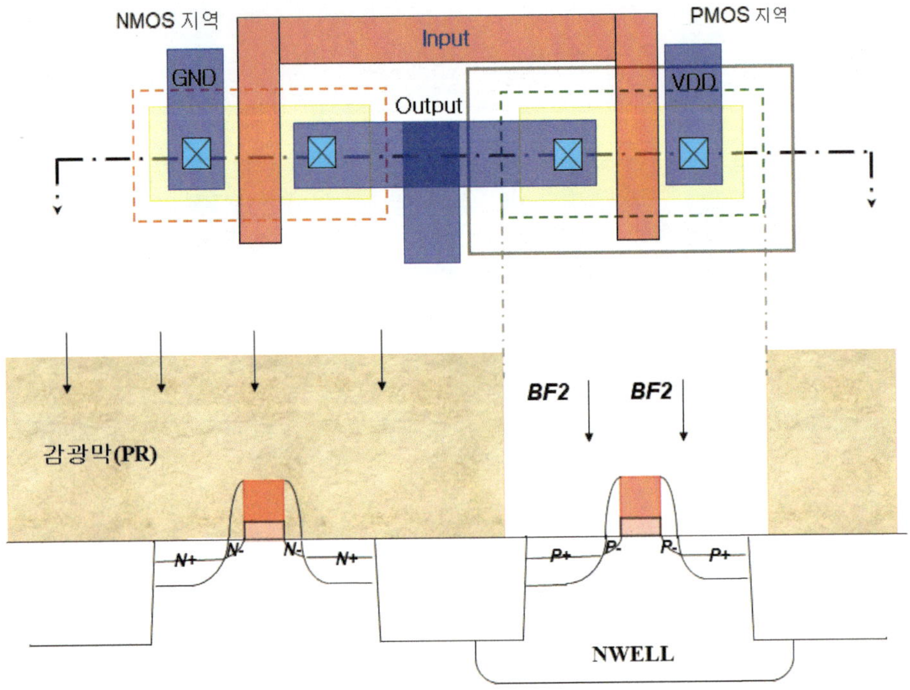

7 CMOS 인버터 제조공정(Contact 형성공정)

34) 산화막 증착

Metal1을 형성하기 이전 단계로 트랜지스터와 Metal 사이를 절연시키기 위해 산화막을 CVD에 의해 형성한다. 반도체 소자의 배선 층간 절연막으로 금속 증착전의 평탄화를 목적으로 사용하는 BPSG막은 대표적인 산화막이며, 산화막 증착 시 B, P 성분을 함유하는 반응물을 첨가하여 증착하는 SiO_2-B_2O_3-P_2O_5의 3상 화합물이다.

형성된 층간 산화막 층을 ILD(Inter Layer Dielectric)라고 한다.

35) Metal1 Contact 감광막 형성

(양성 감광막 코팅 - 노광 - 현상)

Metal1 Contact Mask를 사용하여 감광막 공정을 진행한다. Metal1 Contact Layer의 Field Polarity는 Field Dark이다.

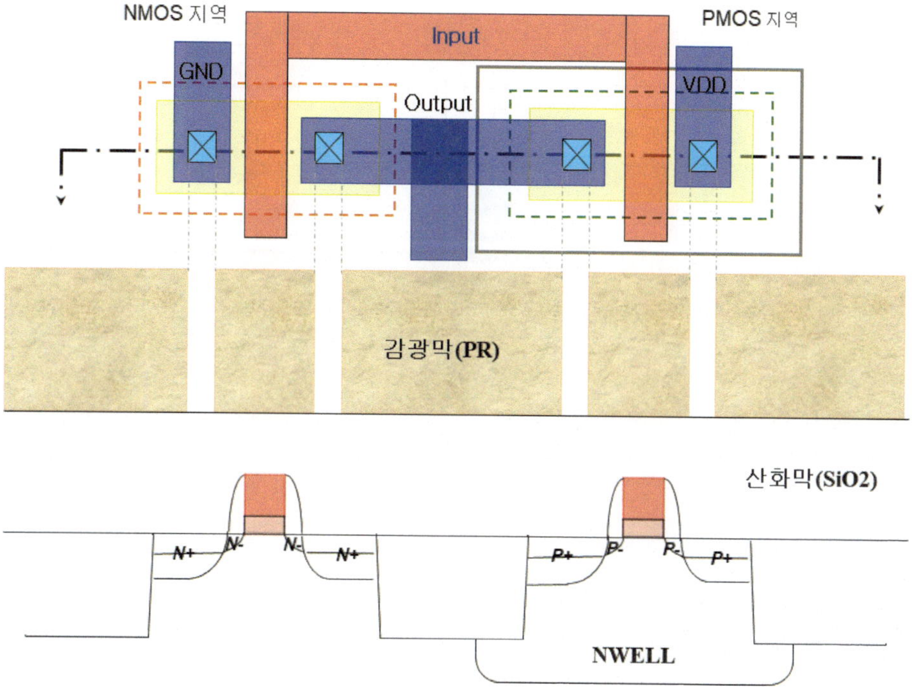

36) Metal1 Contact 산화막 식각

Metal1 Contact이 패터닝 된 감광막으로 산화막(ILD)을 식각한다. Hole을 파서 이후 공정인 Metal을 채워 넣어 기판 및 폴리실리콘과 연결시키기 위한 공정이다.

37) 감광막 제거

Metal1 Contact 산화막 식각 후 감광막을 제거한다.

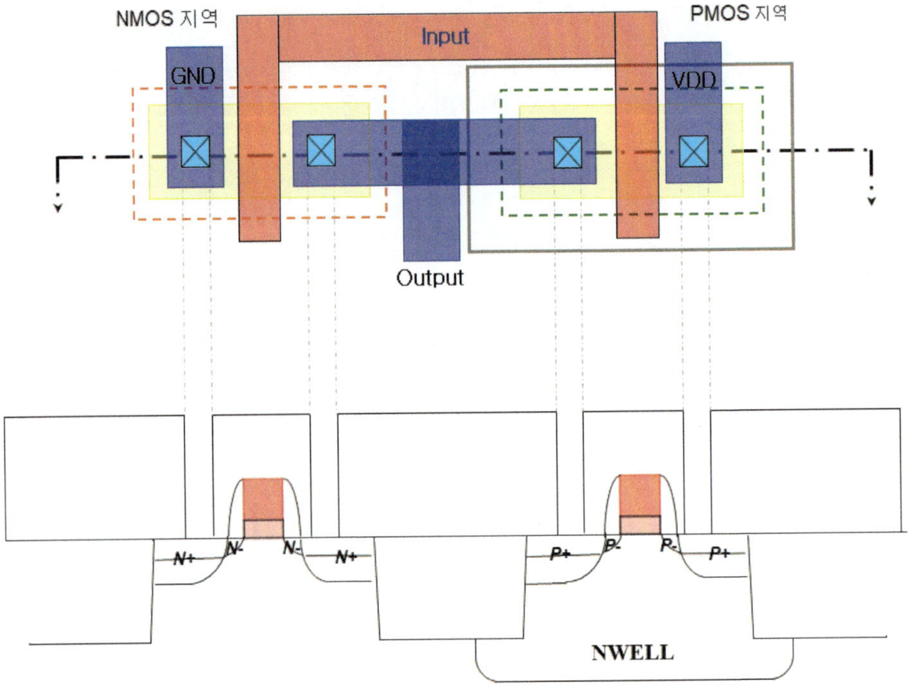

8 CMOS 인버터 제조공정(금속막 형성공정)

38) Barrier Metal(Ti/TiN)

Metal1을 증착하기 이전에 Barrier Metal이라고 하는 금속막을 증착한다. 이는 접촉저항을 낮춰줄 뿐만 아니라 실리콘 기판과 금속막 간의 전자 이동을 막는 확산 방지막의 역할도 한다. 이때 사용하는 금속막은 Ti/TiN을 사용하는데 접촉면에 Ti을 증착한 후 열처리를 하게 되면 티타늄 실리사이드($TiSi_2$)가 형성되어 접촉저항을 낮춰주는 역할을 한다. Ti/TiN의 증착 두께로는 100~300[Å] 내외 정도로 한다.

39) W-Plug 증착(W)

Metal1 Contact Hole에 금속을 채워넣기 위에 텅스텐이나 구리 금속막을 증착한다. 이 금속막은 트랜지스터의 소스와 드레인 연결선으로 사용되기 때문에 Si 기판과의 접촉면 저항이 작아야 하며 배선 저항도 작아야 한다. 보통 Metal1 Contact의 금속막으로는 W로 채워 넣는 W-Plug

를 사용하고 Metal 배선으로는 Cu를 사용한다. Metal2 Contact 및 Metal2 그리고 그 이후 금속 막으로는 Damascene 공정을 이용하여 대부분 Cu를 사용한다.

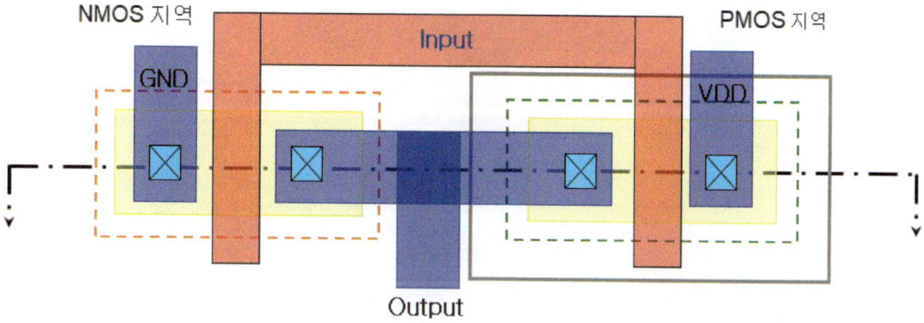

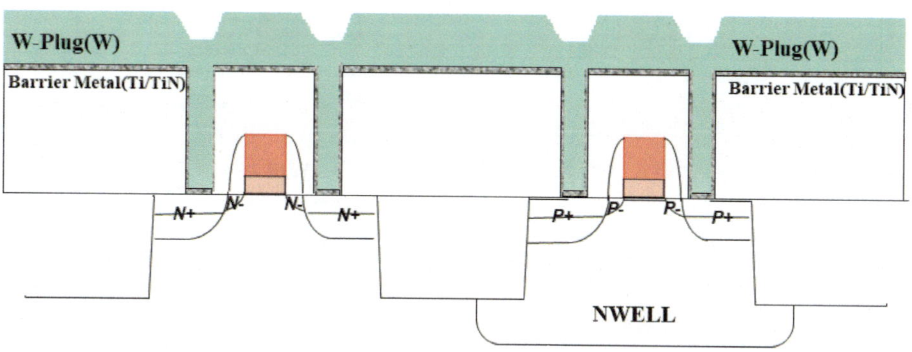

40) Metal1(W & Ti/TiN) CMP

텅스텐 공정을 진행하게 되면 텅스텐이 Contact 홀에 매립이 되고 ILD 윗면에도 증착이 되면서 Contact 홀과 ILD 윗면이 불균일한 두께로 증착되게 된다. 이때 텅스텐과 Barrier Metal에 대해 CMP 공정을 진행하여 Contact 홀에만 W-Plug가 남을 때까지 연마하는 평탄화 공정을 진행한다.

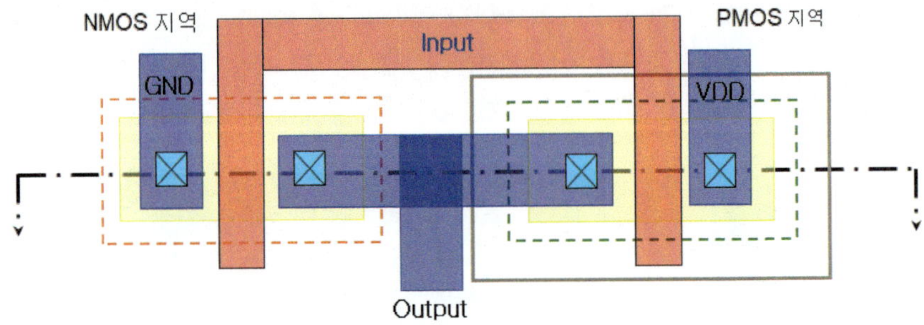

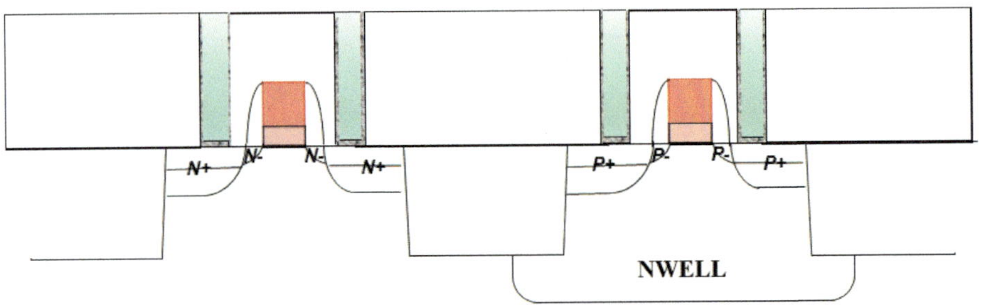

41) 질화막(Si_3N_4 또는 SiN) 증착

질화막은 이후 Metal1 형성 시 상감 공정을 위해 층간 산화막을 식각할 때 Stop Barrier층으로 사용하기 위해 증착한다.

42) 산화막 증착

상감공정으로 형성되어질 구리 배선간의 절연을 위해 산화막을 증착한다.

43) Metal1 감광막 형성

(양성 감광막 코팅 - 노광 - 현상)

Metal1 마스크를 이용하여 감광막 공정을 진행한다. 이때 Metal1의 형성은 Damascene 공정으로 진행하는데 Metal1 패턴이 있는 지역을 식각한 후 구리로 채워 넣어야 하므로 Metal1 레이아웃 패턴 이외의 Field 지역은 감광막이 남아야 하고 Metal1 패턴이 있는 지역은 감광막이 제거되어야 한다. 따라서 Metal1 Layer의 Field Polarity는 Field Dark이다.

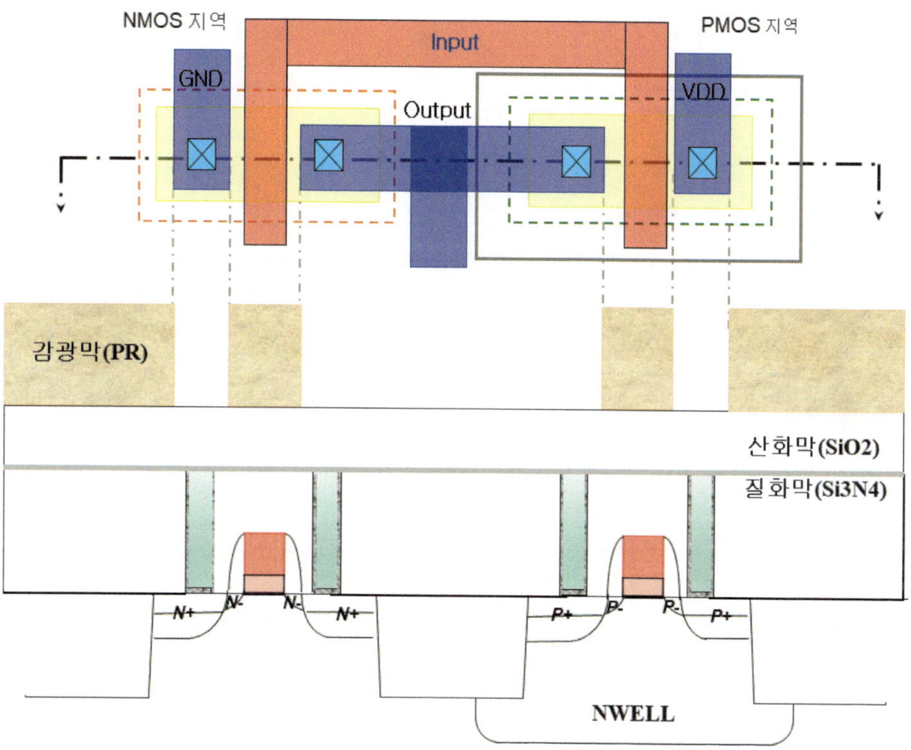

44) 산화막 및 질화막 식각

Metal1이 패터닝되어진 감광막을 사용하여 Metal1이 채워질 산화막 및 질화막을 식각한다.

45) 감광막 제거

Metal1 산화막 식각 후 감광막을 제거한다.

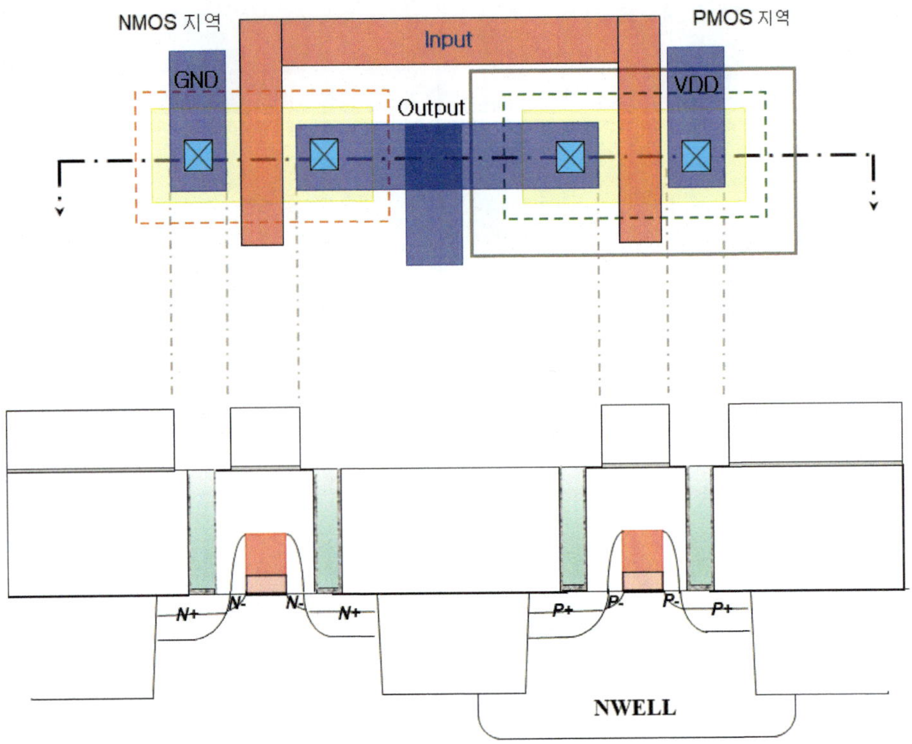

46) Barrier Metal(Ti/TiN) 증착

Metal1 Cu 증착 전에 Barrier Metal(Ti/TiN)을 증착하여 W-Plug 공정으로 진행된 Contact의 W과 접촉저항을 낮추어 준다.

47) Metal1 증착(Cu)

Metal1을 구리(Cu)를 사용하여 증착한다.

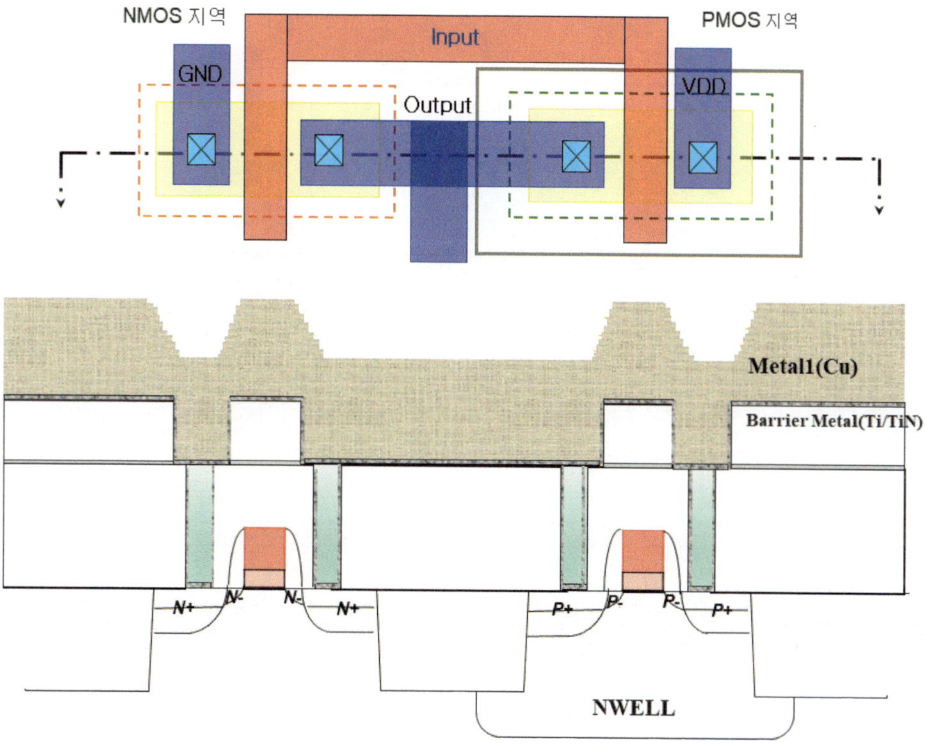

48) Metal1(Cu) & Barrier Metal CMP

CMP 공정으로 Metal1(Cu)과 Barrier Metal을 연마하여 산화막 패턴으로 형성한 Metal1 배선 안에 Cu를 매립한다.

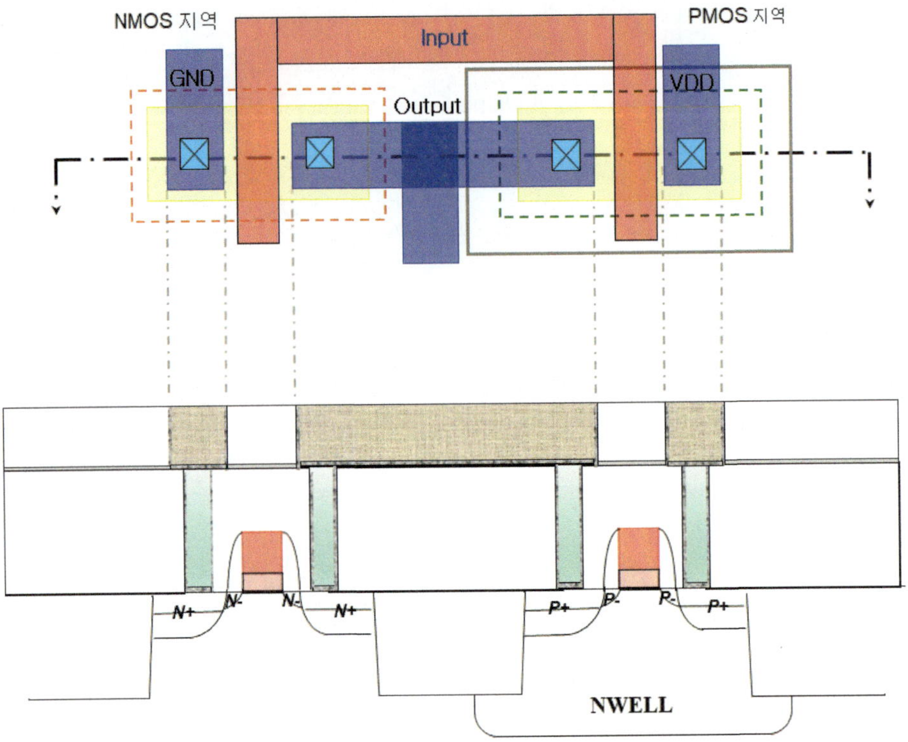

9 CMOS 인버터 제조공정(보호막 형성공정)

49) 보호막(Passivation) 형성

공정이 완료되면 보호막 공정을 통해 아래층을 보호한다. 보호막은 먼지 등 오염 물질 및 수분 등의 침투를 막는 역할을 한다. 사용하는 보호막으로는 산화막과 질화막이 있으며, 1차 보호층으로는 산화막(SiO_2), 2차 보호층으로는 질화막(Si_3N_4)을 증착한다.

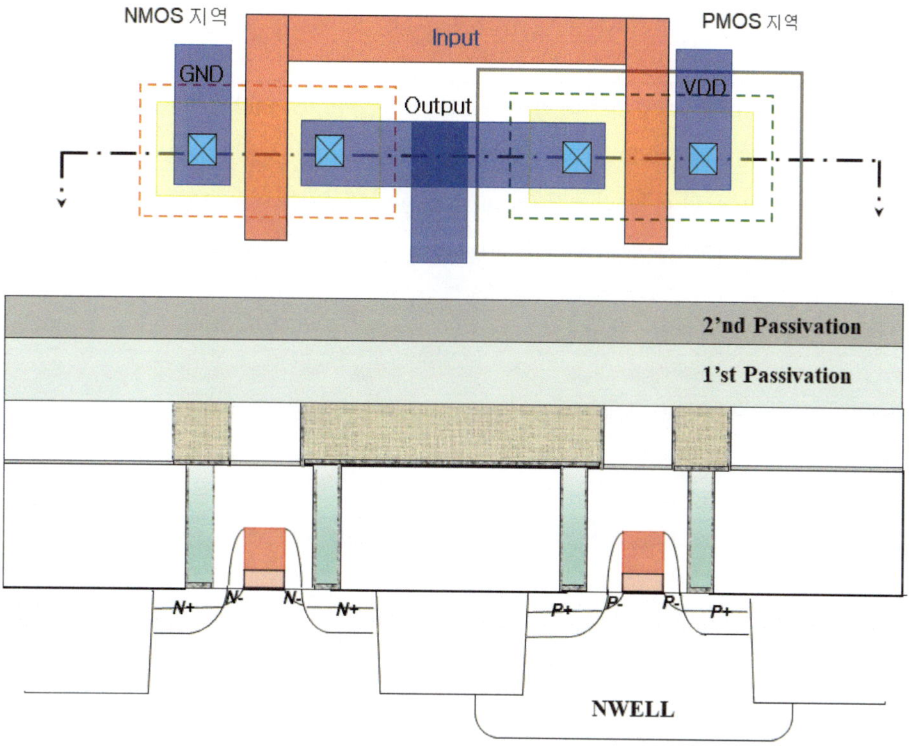

50) Pad 형성

(Pad 감광막 공정 - 식각)

Metal 공정 및 보호막 공정이 완료되면 IC에 전기 신호를 주기 위한 Box 형태의 Pad를 감광막 공정을 거쳐 보호막으로부터 Open한다. Pad는 최종 금속막으로 형성하는데 보호막 아래에 있는 Pad를 Open하기 위해서는 1차, 2차 보호막을 식각하여야 한다. 이후의 패키지 공정에서 패키지 Lead 또는 Ball에 PAD를 연결하여 전기적인 신호를 주기 위함이다.

상기의 CMOS 인버터 제조공정 단계는 Metal1까지만 금속막 공정이 완료되는 것으로 나타내었다. 실제적인 공정에서는 일반적으로 메모리 반도체의 경우 Metal3, 로직 소자의 경우 Metal7까지 공정이 진행되므로 위의 공정에서 Metal1 Contact과 Metal1 공정을 반복하여 진행하면 가능하다. 다만 Metal1 Contact의 W-Plug 공정 대신 Metal2 Contact과 Metal2공정 이후부터는 Damascene 공정을 진행하면 된다.

또한 위의 공정에서 나타내지 않은 공정은 세정 공정으로 공정 단계를 단순화시키기 위해 생략하였다. 하지만 세정 공정은 실제 반도체 공정에서 가장 많이 사용되는 공정으로 위 각각의 공정 진행 전·후 매번 실시됨을 알고 있어야 한다.

지금까지 CMOS 인버터를 제조하는데 있어서 각 공정, Photo, Etch, Diffusion, Ion Implant, Thin Film(CVD), Thin Film(PVD), CMP, Cleaning 공정을 이용하였다. 이렇게 각 단위공정을 이용하여 칩을 제조하는 단계를 전공정(Front End)이라고 하며 이후 제조된 칩을 테스트하고 패키지 하는 공정 단계는 후공정(Back End)이라고 한다.

학습문제 제4장 2. CMOS 인버터

01 CMOS 인버터 회로를 그리고 단면도를 그리시오.

02 CMOS 인버터 회로에 대한 동작을 설명하시오. 입력값에 대한 트랜지스터의 On / Off를 결정하고 출력값을 나타내시오.

03 CMOS 인버터에 대한 기호 및 진리표를 나타내시오.

04 CMOS 인버터 회로를 그리고 레이아웃 하시오.

05 STI 공정을 진행하는 목적을 설명하고 공정 방법을 설명하시오.

06 LDD(N–) 공정 및 Pocket(P–) 공정을 진행하는 이유를 설명하시오.

07 트랜지스터의 소스와 드레인 공정을 완료한 NMOSFET와 PMOSFET의 단면도를 그리시오

08 N+ / P+의 소스와 드레인을 형성하기 위해 Poly Si 게이트의 측벽에 산화막을 형성하는데 이를 (S　　　　O　　　　)라고 한다.

09 Metal1을 증착하기 이전에 형성하는 금속막으로, 이는 접촉저항을 낮춰줄 뿐만 아니라 실리콘 기판과 금속막 간의 전자 이동을 막는 확산 방지막의 역할도 하는데 이를 (B　　　M　　)이라고 하며 이때 사용하는 금속막은 (　　　　　)을 사용한다.

10 다음의 CMOS 레이아웃에 대해 단면도를 그리시오.
(단 공정은 STI를 사용하였고, LDD, Pocket 이온주입 공정을 진행하였으며, Metal1 공정은 W-Plug와 다마신 공정을 진행하였다. 반드시 레이아웃에 줄을 맞춰 그리시오)

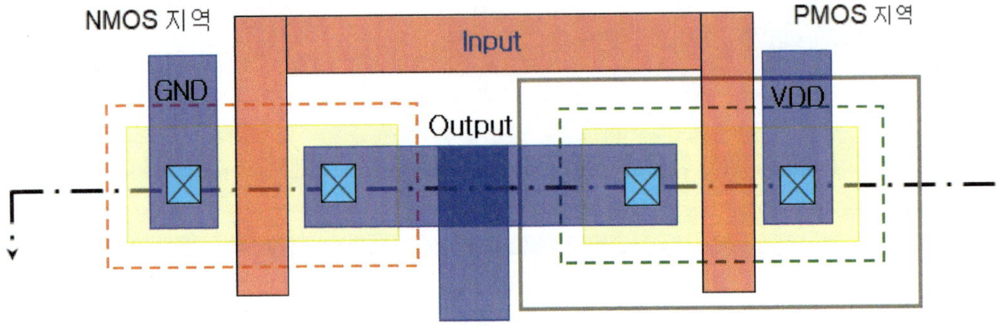

11 보호막(Passivation) 공정으로 사용하는 막은 무엇인가?

12 Pad 형성 공정에 관해 설명하시오.

CHAPTER 5

Probe Test

1_Probe Test

2_패키지 기술

1 Probe Test

(1) Probe Test란?

테스트의 분류는 웨이퍼 레벨과 패키지 레벨로 구분되는데 프로브 테스트는 웨이퍼 상태에서 실시되는 검사 공정을 말한다.

반도체 칩 공정 완료 후 웨이퍼를 절단하기 전에 다이(Die) 별로 테스트하여 양품과 불량품을 판별하는 위한 단계로서 Good Die, Repairable Die, Fail Die를 구분한다. 이러한 공정을 EDS(Electrical Die Sorting) 공정이라고 한다.

EDS 공정은 제어 시스템과 자동화 시스템을 갖춘 ATE(Automatic Test Equipment)를 활용하여 불량 다이 및 불량 유무를 검출하는 공정이다. 또한 정상 동작하지 않는 칩들을 여러 유형으로 나누고 등급별 빈 번호(Bin Number)를 부여해 불량원인을 파악하는데 보통 웨이퍼 Bit Map으로 나타낸다. 이로 인해 불량 Cell을 유형별로 분석하여 여분의 Cell로 Repair가 가능한지도 파악한다.

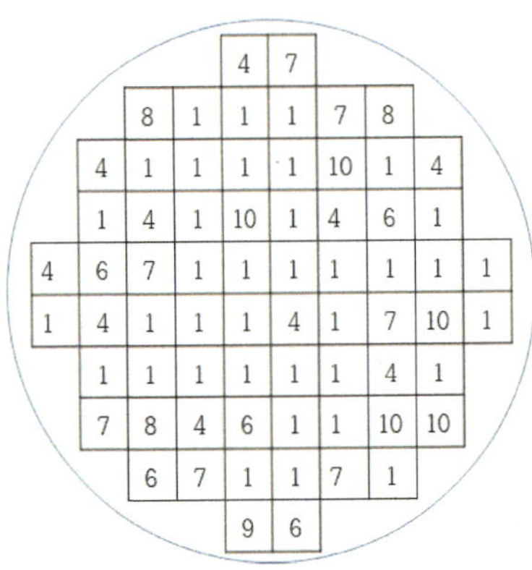

[그림 5.1] Bin 번호 부여

프로브 테스트는 크게 DC 테스트, 기능(Function) 테스트, AC 테스트로 구분된다.

아래의 그림은 Probe Test를 진행한 웨이퍼의 Bit Map을 보여 주고 있다. Fail Die의 경우 Fail의 양상을 보여 주고 있는데, Bit 단위로 Fail이 일어나는 Bit Fail, 가로줄 성 Fail인 Row

Fail, 세로줄 성 Fail인 Column Fail, 블록 전체가 동작하지 않는 Block Fail로 구분되어 나타난다.

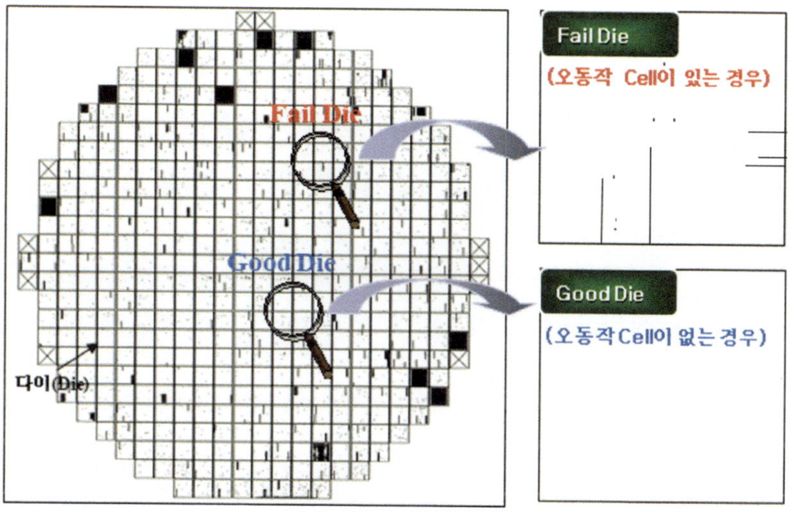

[그림 5.2] 웨이퍼 Bit Map

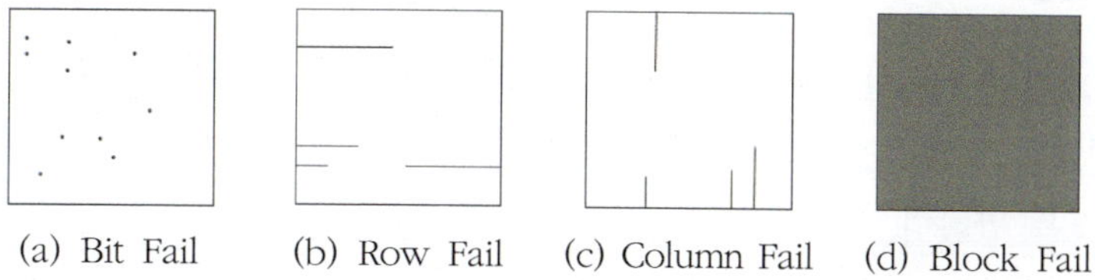

[그림 5.3] Fail 양상

(2) DC 테스트

DC 테스트는 규정치의 전압값 및 전류값이 흐르고 있는지, Open/Short가 없는지를 테스트한다.

1) Open / Short 테스트

테스트를 진행하기 위한 외부 주변기기와 웨이퍼 PAD 사이의 전기적 접촉 상태를 파악한다.

2) Leakage(누설 전류) 테스트

각 Pin에서 연결된 배선 이외의 다른 포트를 통하여 전류가 빠져 나가는지 여부를 체크한다.

3) Idd 전류 테스트

규정된 전압이나 조건에서 전원공급장치 핀에 공급되는 최대 전류값을 측정하는 것으로 소자의 전력 소요량을 파악한다.

(3) 기능 테스트

기능(Function) 테스트는 제조된 소자가 정상적인 동작을 수행하는지에 대한 여부를 테스트한다. 메모리 반도체에서는 데이터의 쓰기, 읽기가 가능한지를 파악하고 로직에서는 계산이 되는지 안 되는지를 파악한다.

기본적으로 셀 간 Open/Short, Cell 간 간섭 여부를 파악하기 위해 특정 패턴을 만들어 테스트한다.

패턴이란 기능 테스트를 수행하기 위한 기본적인 항목으로서 셀에 데이터를 쓰고 읽는 순서와 데이터의 종류를 말한다.

(4) AC 테스트

AC 테스트는 소자의 디지털 동작 속도에 대해 테스트하는 것으로 주로 타이밍에 관련한 테스트를 말하며, 신호의 전달지연시간, 클럭의 상승 및 하강 시간, 셋업 시간, 지연 시간 등에 관해 테스트하는 것을 말한다.

2 Probe Test 순서

(1) Probe Station

프로브 스테이션(Probe Station)은 웨이퍼를 테스트하기 위한 장비이다. 웨이퍼의 다이 패드를 테스터에 접속된 프로브 카드(Probe Card)의 탐침(Probe Tip)으로 접촉하여 테스트를 진행한다. 기본적으로 프로브 스테이션은 디지털과 아날로그 회로를 테스트할 수 있는 기능을 가지고 있다.

(2) Probe Test 순서

다음은 프로브 테스트의 순서를 설명하였다.

[표 5.1] Probe Test 순서

순서	설명
EPM (Electrical Parameter Monitoring)	소자의 트랜지스터 특성 및 저항값 등을 전기적으로 측정하여 제품 특성 및 스펙에 맞는지를 파악한다.
↓	
Wafer Burn-In	Wafer 상태에서 고전압 및 고온으로 스트레스를 인가하여 제품의 잠재적 불량을 유도하고 신뢰성을 향상시킨다.
↓	
Probe Test1	Probe Test 1단계로 다이 별로 테스트하여 Good Die, Repairable Die, Fail Die를 구분한다. Fail의 양상으로는 Bit Fail, Row Fail, Column Fail, Block Fail이 있으며 Repair가 가능한 정도의 Fail Die는 Repairable Die로 구분한다.
↓	
Laser Repair	Repairable Die의 경우 Fail Bit의 주소를 찾아 리페어하는데, 리페어를 위해 만들어 놓은 퓨즈를 레이저로 절단하면 여분의 셀(Redundancy Cell)로 대체된다.
↓	
Probe Test2	Laser Repair가 잘 진행되었는지를 테스트한다.
↓	
패키지	패키지 공정을 진행한다.

(3) Test 요구사항

테스터는 반도체 소자에 따라 메모리 테스터, SoC 테스터, LCD 드라이버 테스터, CMOS 이미지 센서용 테스터 등으로 분류된다.

최근 테스트 기술은 메모리 및 시스템 반도체에 대해 저전압화, 인터페이스 신호의 저진폭화 등 고정밀 테스트가 요구되고 있다. 또한 아날로그 임의 파형 발생기, 아날로그 디지타이저의 고속 샘플링 및 고분해 능력이 요구되고 있다.

학습문제 제5장 Probe Test

01 반도체 칩 공정 완료 후 웨이퍼를 절단하기 전에 다이(Die) 별로 Test하여 양품과 불량품을 판별하는 위한 단계로서 Good Die, Repairable Die, Fail Die를 구분하는 공정을 (E D S) 공정이라고 한다.

02 프로브 테스트는 크게 ( ) 테스트, ( ) 테스트, ( ) 테스트로 구분된다.

03 기능 테스트에 대해 설명하시오.

04 DC 테스트와 AC 테스트에 대해 비교 설명하시오.

05 (ㅍ ㄹ ㅂ ㅅ ㅌ ㅇ ㅅ)은 웨이퍼를 테스트하기 위한 장비이다. 웨이퍼의 다이 패드를 테스터에 접속된 (ㅍ ㄹ ㅂ ㅋ ㄷ)의 탐침(Probe Tip)으로 접촉하여 테스트를 진행한다.

06 프로브 테스트 후 Repairable Die의 경우 Fail bit의 주소를 찾아 리페어를 위한 퓨즈를 절단하여 여분의 셀로 대체하는데 이를 무엇이라 하는가?

07 Probe Test1과 Probe Test2에 대해 설명하시오.

CHAPTER 6

패키지 기술

1 패키징

(1) 패키징이란?

패키징 공정은 웨이퍼 공정에 의해 만들어진 각각의 칩(Chip)를 전기적으로 연결해 주고, 외부의 충격으로부터 보호되도록 에폭시 수지(EMC, Epoxy Molding Compound)로 밀봉하는 것을 말한다. 칩이 동작할 수 있도록 다이 내부의 패드와 외부로부터 공급되는 전기 신호를 연결하는 도선을 만들어주어야 하며, 매우 미세하고 정교한 공정으로 진행된 다이는 먼지 및 습기 등 외부 환경으로부터 보호되어야 한다.

(2) 패키지의 기본 구조

웨이퍼 제조공정에서 만들어진 다이는 다이 내부의 전기적인 연결을 위한 패드(Pad)와 패키지의 리드 프레임(Lead Frame) 사이를 금선(Au)으로 연결한다. 다이는 칩 지지 패들(Paddle) 위에 부착되어 있으며, 패키지 내부의 도선 및 칩을 보호하기 위해 열경화성 수지인 에폭시 물질로 밀봉돼 있다. 아래 그림은 전통적인 패키지의 기본 구조를 보여 주고 있다.

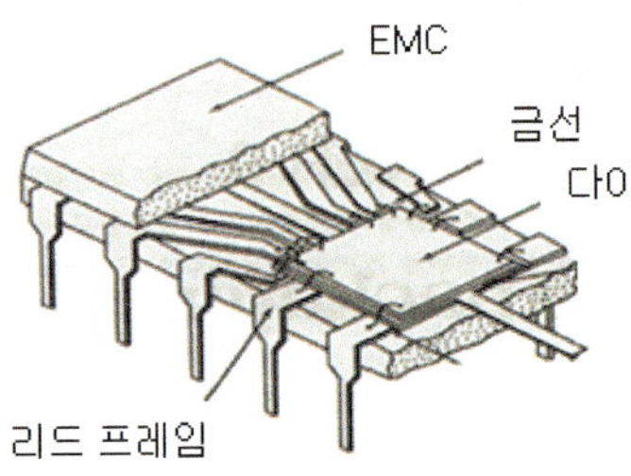

[그림 6.1] 패키지 기본 구조

(3) 패키지의 종류

패키지의 종류는 다양한 방법으로 분류할 수 있는데, 일반적으로 패키지를 실장하는 방법 및 패키지를 구성하는 몸체의 재질 및 기능 등에 따라 나눈다.

1) 실장 방법에 따른 분류

인쇄 회로 기판에 패키지를 실장하는 방법에 따라 표면 실장형(SMT, Surface Mounting Type) 패키지와 삽입 실장형(THT, Through Hole Type) 패키지로 나눌 수 있다. 표면 실장은 시스템

보드의 표면에 칩을 올려놓고 솔더링하여 고정시키며, 삽입 실장은 시스템 보드의 홀에 칩의 리드 핀을 넣어 솔더링하여 고정시키는 방식이다.

SMT 패키지는 J Leaded 타입의 SOJ, Gull Wing 타입의 QFP(Quad Flat Package), Butt Leaded 타입 등이 있으며, THT 패키지는 SIP(Single In-Line) 타입, DIP(Dual In-Line) 타입과 PGA(Pin Grid Array) 타입 등이 있다.

최근에는 패키지 기술의 발달로 기존의 리드프레임 타입에서 볼(Ball) 타입 방식의 BGA(Ball Grid Array) 패키지로 전환되고 있다.

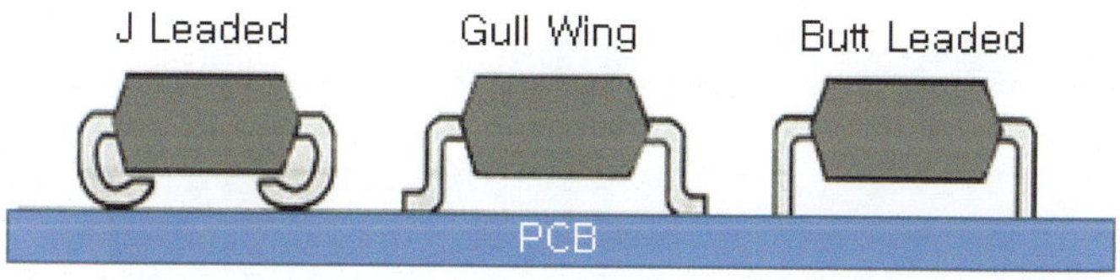

(a) SMT(Surface Mounting Type)

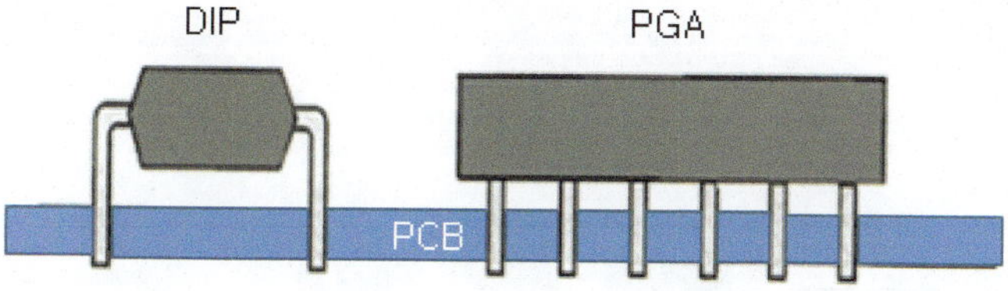

(b) THT(Through Hole Type)

[그림 6.2] 표면 실장형 패키지와 삽입 실장형 패키지

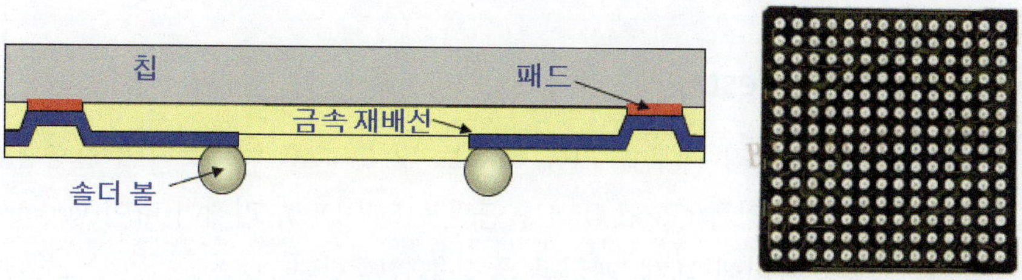

(a) 단면 (b) 밑면

[그림 6.3] BGA 패키지

반도체 패키지는 전력이나 속도, 환경 등 기능적으로 높은 수준이 요구되고 있으며, 이를 만족시키기 위해서는 패키지의 재질 및 구조적 관점에서도 급변하고 있다. 이에 패키지를 분류하는 방식으로 CSP(Chip Scale Package), SiP(System in Package), MCP(Multi Chip Package), PoP(Package on Package) 등이 있다.

2 패키징 공정

패키징 공정은 크게 조립, 밀봉, 성형 공정으로 나누는데 조립공정은 후면 연마, 다이 절단, 다이 접착, 도선 접착 순으로 공정이 진행되며, 에폭시 수지로 밀봉하는 과정을 거쳐 트리밍, 포밍을 하는 성형 공정을 거친 후 마킹하여 패키징 공정을 마친다.

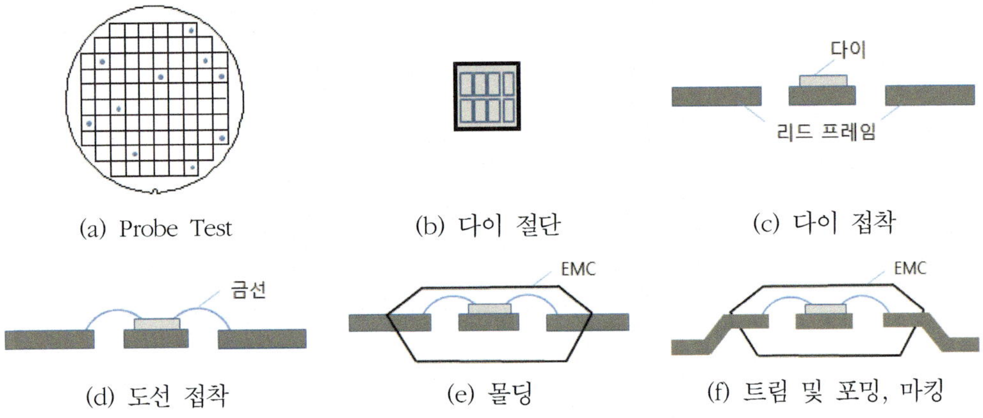

[그림 6.4] 패키징 공정의 개략도

(1) 칩 자동 선별(Chip Test)

웨이퍼에 형성된 다이들의 동작 여부를 기능 테스트 및 DC/AC 테스트하여 불량품을 자동 선별하는 공정이다. 동작 후 양품(Good Die)과 불량품(Fail Die), 리페어 다이(Repair Die)로 구분하여 양품과 리페어 다이에 대해 패키징 공정을 진행한다.

(2) 후면 연마(Back Grinding)

후면 연마는 백그라인딩(Back Grinding)이라고도 하며, 공정이 완료된 웨이퍼를 패키징하기 위하여 적합한 두께로 웨이퍼의 후면을 연마하는 공정이다.

후면 연마 공정을 진행하기 전에 웨이퍼의 패턴이 형성되어 있는 윗면을 물리적, 화학적으로 보호하기 위해 테이프를 붙이는 라미네이션 공정을 진행한다.

(3) 다이 절단(Die Sawing)

다이 절단은 회로가 형성된 웨이퍼를 개별 다이로 분리하기 위해 웨이퍼 뒷면에 소잉 테이프가 부착된 상태에서 다이와 다이 사이의 스크라이브 라인(Scribe Line)을 따라 다이아몬드 톱(Blade)으로 자르는 공정이다. 고속 다이아몬드 휠을 이용하는 방법과 레이저를 이용하여 절단하는 방법이 쓰이고 있다.

웨이퍼 소잉 작업 후 다이싱 테이프를 자외선에 반응시켜 웨이퍼와 다이싱 테이프 사이의 접착력을 제거해주어 다이 접착 공정을 위한 다이 픽업을 용이하게 한다.

최근에 개발되고 있는 패키지 공정에서는 웨이퍼 상태로 리드 접착(Lead Bonding) 공정을 진행한 후 밀봉하여 최종 단계에서 웨이퍼를 절단하는 공정(WLP, Wafer Level Package)을 수행한다.

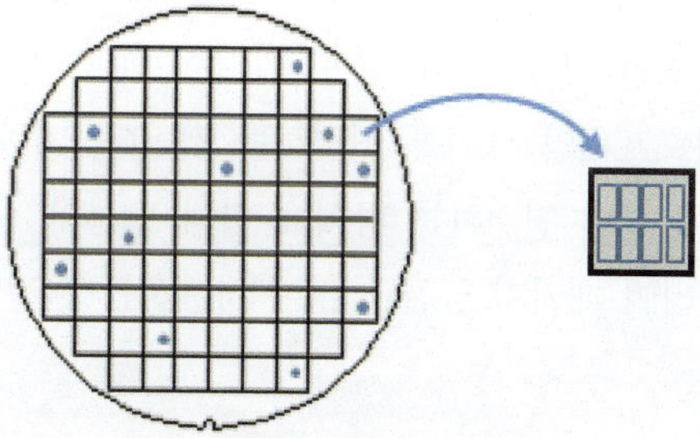

[그림 6.5] 다이 절단

(4) 다이 접착(Die Attach)

다이를 픽업한 후 접착제를 사용하여 리드 프레임의 패드 또는 기판에 부착하는 공정이다. 접착제의 종류로는 열경화성 액상 접착제를 사용하며 칩과 칩을 다단으로 적층 시에는 스페이스(공간) 테이프를 사용한다.

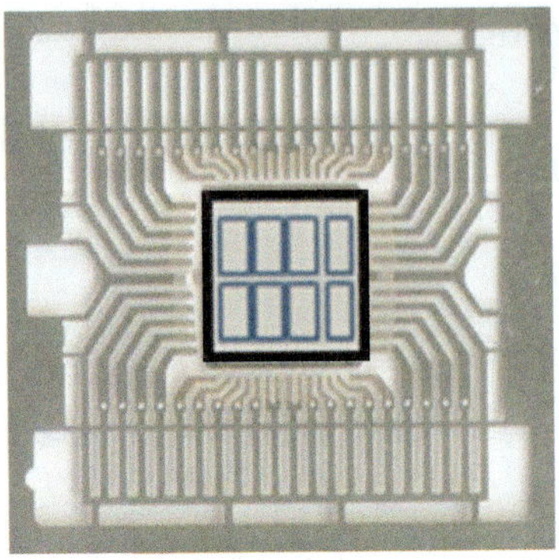

[그림 6.6] 다이 접착

(5) 도선 접착(Wire Bonding)

칩 내부의 패드와 리드 프레임을 가는 금(Au) 또는 구리(Cu)선으로 연결해 주는 공정이다. Bonding은 접합하여 연결한다는 뜻으로 다이와 리드프레임 또는 기판을 연결하는 것이다. 와이어가 주입되는 가는 바늘 모양을 캐필러리라 하며, 바느질의 바늘처럼 금선을 끼워 고압을 걸어주어 볼 접합 형상을 만들어준다.

다음은 전통적인 Wire Bonding을 포함하여 최신 패키징 본딩 기술에 대한 방법에 관해 설명하였다.

1) Wire Bonding

Wire Bonding은 위에서 설명한 바와 같이, 반도체 다이 패드에 금 또는 구리선을 이용하여 다이의 패드와 기판 또는 리드프레임 사이를 연결하는 것이다. 기존의 전통적인 방식인 와이어 본딩 기술은 최근 범프를 이용하여 연결하는 방식에 비해 도선의 길이가 길어 전기적인 신호를 전달하는 데 시간이 오래 걸리며 패키지 공간을 많이 차지하는 단점이 있어 점차 사용이 줄어들고 있다.

[그림 6.7] 와이어 본딩

2) Flip Chip Bonding

Flip Chip Bonding은 칩을 뒤집은 후 범프(Bump)로 기판에 직접 연결하는 방식이다. 이 방식을 사용하면 와이어 본딩을 사용했을 경우보다 공간을 덜 차지할 수 있다. 그리고 Flip chip 방식은 와이어가 아니라 범프로 칩과 기판을 붙여주므로 반응 속도도 더 빠르고 전기적 신호가 더 잘 전달되는 장점이 있다.

범프의 역할은 칩과 기판의 패드를 전기적으로 연결해 줄 뿐만 아니라 칩에서 기판으로의 열전달과 방출, 칩과 기판 사이의 공간 제공 및 칩을 지탱하는 기능이 있다.

솔더 범프는 전해도금법 또는 스텐실 스크린 프린팅법 방법으로 제작되며 전해도금법에 의해 제작된 솔더범프는 리플로우 공정을 거쳐 구형 범프를 형성시킨다.

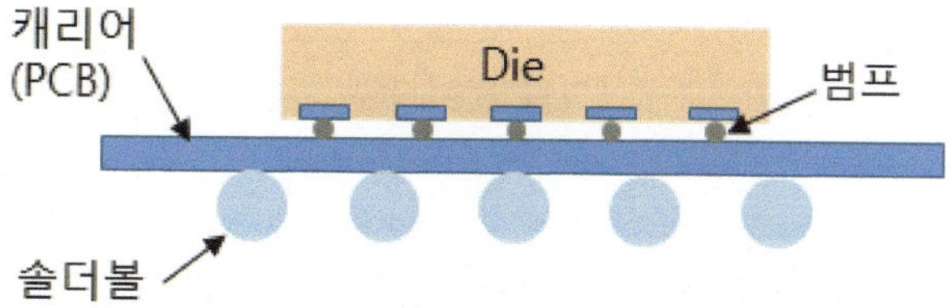

[그림 6.8] Flip Chip Bonding

3) TSV(Through Silicon Via)

TSV(Through Silicon Via)는 실리콘 관통 전극이라 하며, 반도체 칩에 관통 전극을 형성하여 칩을 여러 층으로 적층할 수 있는 기술이다. TSV가 사용되기 전에는 와이어나 범프를 이용하여 기판과 칩을 연결하였는데 TSV는 와이어 본딩에서의 추가 공간이 필요하지 않으므로 작은 크기의 제품 구현을 가능하게 하였다. Si을 적층한 후 미세한 구멍(Via)을 뚫어 바로 연결하므로 전기적 신호 전달 경로가 짧아져서 고속 반도체에 유리한 기술이다.

최근 TSV는 카메라 모듈용 CMOS 이미지 센서, MEMS 센서, 적층 DRAM 모듈 등에 적용되고 있다. TSV를 이용한 3차원 칩 적층 기술에서 같은 종류의 반도체 칩을 쌓는 경우를 비롯하여, 다른 종류의 반도체 칩을 쌓는 SIP(System In Package)가 구현되고 있다.

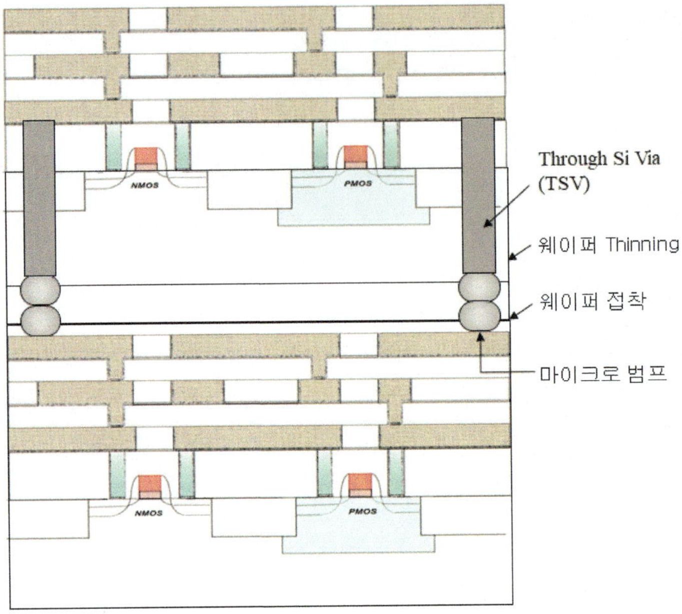

[그림 6.9] TSV

① TSV 공정

Via 형성공정으로는 DRIE(Deep Reactive Ion Etcher)와 레이저 가공을 이용한 방법이 있다. DRIE는 가공 시간이 많이 소요되며, 레이저 가공은 고가의 장비 투자가 필요하다.

미세 관통 홀의 형성을 위해 DRIE는 SF_6 가스를 이용해 실리콘을 에칭하고, 홀의 내벽은 C_4F_8을 사용하여 보호층을 입힌다. 레이저 가공은 수십 펨토초 정도의 극히 짧은 펄스폭을 가지는 초극단 펄스 레이저인 펨토초 레이저를 이용하여 가공한다.

그 다음으로 형성된 관통 홀의 내벽에는 절연막 SiO_2, Barrier Metal TiN, Cu를 순서대로 메워 TSV를 형성시킨다. 일반적으로 관통 홀 충진(Via Hole Filling)에 사용되는 도금용 전해액으로는 여러 가지 유기화합물을 추가한 황산구리 용액이 사용된다.

4) FOWLP(Fan Out-Wafer Level Package)

WLP(Wafer Level Package)는 웨이퍼를 개별 다이로 절단한 후 패키지 하던 종래의 기술과는 다르게 웨이퍼 레벨에서 패키징하는 방식이다. 웨이퍼 상태에서 패키지 공정을 수행하여 회로를 재배열하거나 범핑을 수행하여 패키지 공정을 일괄적으로 처리해 최종적으로 완성되는 패키지 크기와 반도체 칩의 크기를 동일하게 하는 기술이다.

기판 없이 웨이퍼를 패키징하므로 패키징 비용이 절감되고, 패키징의 두께가 얇아지는 장점이 있다. WLP는 FIWLP(Fan In-WLP)와 FOWLP(Fan Out-WLP) 방식으로 나뉜다.

여기에서 FOWLP는 다이 사이즈가 점점 작아지는데 비해 더 많아지는 I/O핀을 넣기 위해 사용하는 방식으로 다이의 패드를 재배열(RDL, Re-Distribution Level)하여 패키지 하는 방식이다. 여기에서 재배열은 웨이퍼 레벨 패키지 공정 기술을 이용하여 이미 형성된 패드의 위치를 임의의 위치로 변경하는 것을 말한다.

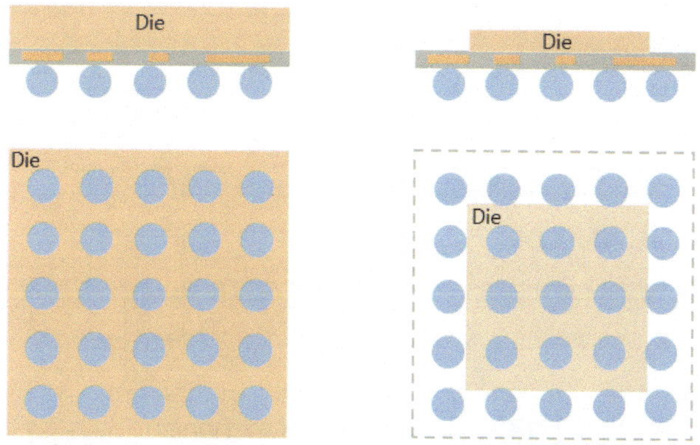

(a) FIWLP (b) FOWLP

[그림 6.10] FIWLP vs. FOWLP

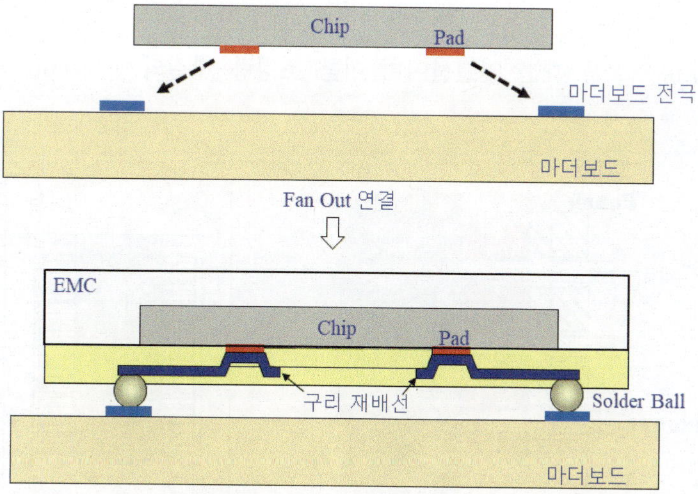

[그림 6.11] FOWLP 단면구조

(6) 성형(Molding)

Molding은 금속선 연결이 완료된 리드 프레임을 먼지, 습기, 충격 등 외부 환경으로부터 물리, 화학, 전기적으로 보호하기 위하여 열경화성 수지인 EMC를 이용하여 밀봉(Encapsulation)하는 공정이다. 몰딩의 조건으로는 온도, 압력, 시간, 램(EMC를 밀어 넣는 피스톤) 속도 등이 있으며, 몰딩이 완료된 후에는 전기오븐에 175[℃]에서 3~4시간이나 150[℃]에서 8시간 정도 베이킹(Baking)하는 PMC(Post Mold Curing)하는 과정을 거친다.

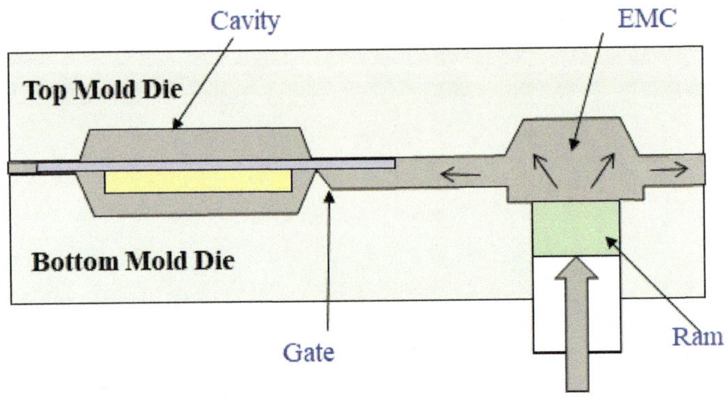

[그림 6.12] Molding Mechanism

(7) 트림 및 폼(Trim & Form)

트림은 리드 프레임의 댐버(Dambar)를 절단시켜 제거함으로서 리드간에 전기적으로 절연을 시키는 공정을 말한다. 댐버는 몰딩 시 EMC가 겔(Gel) 상태에서 리드 밖으로 새어 나오지 못하도록 댐(Dam) 역할을 하는 연결선이며 이를 초경량 재질의 펀치(Punch)로 커팅한다.

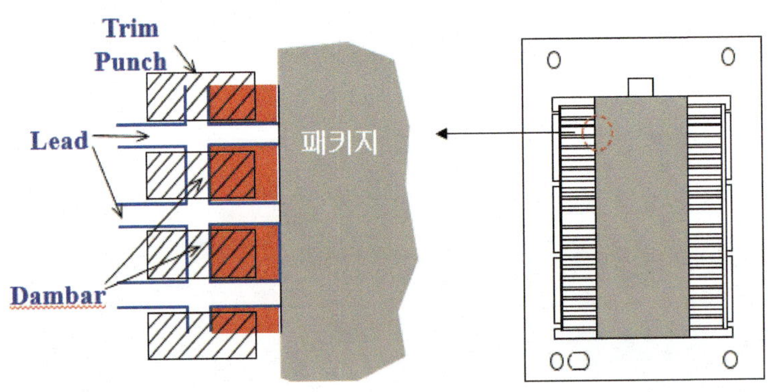

[그림 6.13] 트림 공정

포밍(Forming) 공정은 트림 공정이 끝난 제품을 기판에 실장이 되도록 리드(Lead)의 모양을 만들어주는 공정이다. 리드의 모양에 따라 여러 형태의 패키지 형태로 분류된다.

(a) TSOP (b) SOJ

[그림 6.14] 포밍 공정 예

(8) Solder Ball Mount

Solder Ball Mount 공정은 PCB Substrate 기반의 패키지 공정에서 몰딩 공정이 완료되면 PCB(Printed Circuit Board) 기판과 칩에 연결된 솔더 볼을 전기적으로 연결시켜 주는 것을 말한다. 앞에서 Flip Chip Bonding에 대한 일반적인 내용에 대해 기술한 바 있다.

PCB의 구리 패드와 칩에 연결된 솔더볼을 연결해 주기 위해 PCB 윗면에 플럭스(Flux)라고 하는 화학 약품을 바른 후 솔더 볼의 용융 온도 이상이 되도록 리플로우(Reflow) 공정을 진행해 주면 솔더볼은 PCB에 부착되게 된다. 플럭스는 다른 물질의 반응을 촉진시켜주는 역할을 하며 솔더 표면의 산화물을 제거하고 산화를 방지하며 솔더의 접합을 촉진시킨다.

리플로우 공정은 솔더볼을 PCB의 구리 패드 위애 부착시키기 위해 약 250[℃] 정도에서 솔더볼과 PCB 사이에 있는 솔더를 용융시켜 접합시키는 열공정 기술이다.

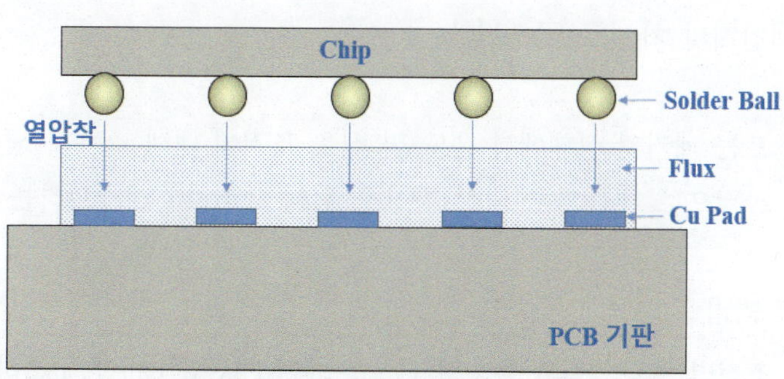

[그림 6.15] Solder Ball Mount

(9) 마킹(Marking)

패키징된 제품의 품명 및 Lot No. 그리고 제조사 등을 패키지 표면 위에 인쇄하거나 새기는 공정을 말한다. 마킹을 하는 방법으로는 잉크로 인쇄하는 방법과 레이저로 표면을 증발시켜 새기는 방법이 있다.

3 패키지 테스트

(1) 패키지 테스트 공정

1) 패키지 테스트란?

패키지 테스트는 웨이퍼 레벨에서 Probe Test를 진행한 Good Die와 Repairable Die에 대해 패키지 공정을 진행하여 완성된 반도체 패키지 칩에 대해 최종 동작을 확인하고 제품 특성을 평가 분석하는 테스트이다.

제조된 반도체 패키지에 대해 전기적 스트레스 및 온도 조건을 인가하여 완제품을 확보하고 고객이 요구하는 제품을 제공한다.

패키지 테스트 공정은 프로브 테스트와 동일하게 DC 테스트, 기능 테스트, AC 테스트로 구분되며 신뢰성 검사를 위한 TDBI(Test During Burn-In) 공정을 진행한다.

측정 내용 및 항목은 Probe 테스트와 거의 유사하며 다만 시료의 상태가 웨이퍼 레벨인지 패키지 레벨 상태인지의 차이로 구분된다.

패키지 TDBI 테스트는 패키지 상태에서 온도 및 신호 조건에 대해 스트레스를 인가하여 초기 불량을 검출하는 공정으로 제품의 신뢰성 향상을 위해 Burn-In 테스트하는 공정을 말한다.

2) 패키지 테스트 방법

패키지 테스트는 조건별 프로그램과 온도로 테스트하여 Pass와 Fail을 구분하고 검사 결과에 따라 Speed를 구분하여 등급(Bin)별로 구분한다.

테스트 방법에 따라 DC 테스트, 기능 테스트, AC 테스트로 구분하며 테스트 온도에 따라 Hot 테스트, Cold 테스트, Room 테스트로 분류하고, 테스트 속도에 따라 Core 테스트, High Speed 테스트로 구분한다.

① 테스트 방법에 따른 테스트

㉠ DC 테스트

DC 테스트는 입출력 회로 및 전압값에 대해 전기적 특성을 파악하는 것으로 Open/Short 및 누설 전류가 있는지 없는지에 대해 테스트한다. 또한 Vdd 핀의 전류값을 측정하여 Vdd에 의한 전력 소모값을 측정한다.

㉡ 기능 테스트

기능 테스트는 제품이 정상적으로 동작하고 있는지에 대해 테스트를 진행한다. 일반적으로 시험 패턴을 쓴 후 그 데이터를 읽었을 때 시험 패턴과 같은지 비교를 통해 정상 동작 여부를 확인한다.

㉢ AC 테스트

AC 테스트는 제품의 스위칭 속도에 관한 동적 특성을 시험하기 위한 테스트이다. 신호의 전달지연시간, 셋업 시간, 지연 시간 등을 측정한다.

② 테스트 온도에 따른 테스트

㉠ Cold 테스트

제품이 저온에서 사용 가능한지에 대한 여부를 테스트하는 것으로써 제품을 -5[℃]~-40[℃]에서 테스트한다.

㉡ Hot Test

제품이 고온에서 사용할 수 있도록 80[℃] 이상의 고온에서 제품에 스트레스를 주어 테스트한다.

㉢ Room Test

제품의 특성을 안정화하기 위해 상온에서 테스트한다

3) 패키지 테스트 장비

패키지 테스트 장비는 제조된 반도체 칩을 공급받아 주검사 장비(Tester)까지 이동시켜 테스트하며 테스트 시스템에서 판별된 결과로 자동으로 양품과 불량품을 선별하여 준다.

핸들러 장비는 전기적 시험을 마친 반도체 칩들을 주검사 장비인 테스터로 공급해 주고, 그 검사 결과로 양품과 불량품을 등급에 따라 분류하는 자동화 장비이다.

핸들러는 검사하는 칩의 종류에 따라 메모리용과 비메모리용으로 구분하는데, 메모리 핸들러는 메모리의 대용량화에 따른 긴 검사 시간에 대해 한 번에 많은 양의 칩을 검사하는 것이 중요하며, 비메모리 핸들러는 한 번 칩을 검사하고 다음 칩으로 넘어가는 시간(Index Time)이 중요하여 시간을 줄이고자 노력하고 있다.

일반적으로 테스트 시스템은 한 개의 테스터와 두 개의 핸들러로 표준 Set을 구성한다.

[그림 6.16] 테스트 장비

(Photo by ADVANTEST)

(2) IC의 고장률

1) IC의 고장률

패키지 레벨 테스트에서는 고객에게 제품을 최종적으로 제공하고 경쟁력 있는 제품을 확보하기 위해 신뢰성 테스트를 거치게 된다. 여기에서 신뢰성이란 반도체 소자가 정해진 사용 환경과 조건에서 정해진 기간 동안 기능을 발휘하여 고장이 나지 않을 확률을 말한다.

IC의 Fail 원인은 제조과정에서의 오류뿐만 아니라 사용 중에도 발생하게 되는데 이를 사용 시간에 대한 통계적 데이터로 나타낼 수 있다.

아래의 그래프는 이를 나타내는 것으로서 초기고장, 우발성 고장, 마모고장으로 나누어진다.

초기고장의 요인은 테스트에서 검출되지 않은 고장들이 이미 칩에 존재하였거나 곧 고장을 일으킬만한 결함들이 존재하는 경우이다. 이에 칩 제조 후 초기고장을 검출하기 위해 TDBI를 실시한다. 즉 TDBI는 소자의 초기 불량률을 제거하기 위해 125[℃] 고온으로 장시간 동안 스트레스를 가하여 동작시킨 후 기능검사를 수행함으로써 초기고장의 원인을 찾아내는 신뢰성 검사이다. 고장률이 시간에 따라 급격히 감소한다.

그리고 실제 칩이 사용되는 동안 발생하는 고장률은 우발성 고장에 의한 것이며, 마모고장은 노후 기간(Wear-Out)을 나타내는 것으로 고장률이 시간에 따라 급격히 증가하는데 주어진 칩의 수명이 다한 기간을 표시하고 있다.

IC의 고장률 그래프는 Bath-Tub 그래프라고도 하며 반도체 제품의 수명 곡선이라고도 한다. 이렇듯 고장률은 시간에 따라 나타나므로 시간 구간을 정하여 고장률을 생산과정에 적용하면 공정을 개선하고 품질을 향상시킬 수 있다.

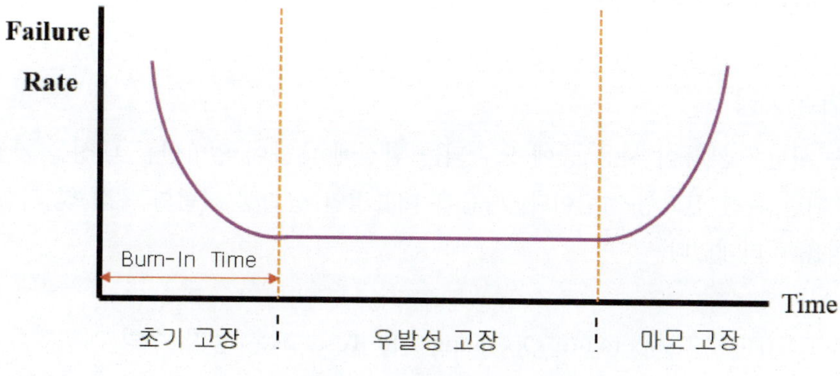

[그림 6.17] IC의 고장률

2) FIT

일반적으로 불량률은 테스트한 샘플의 총수량에 대한 테스트에서 발생한 불량 개수의 비율로 나타낸다.

$$Failure\ Rate = \frac{불량\ 갯수}{테스트한\ 샘플\ 수} \times 100\%$$

그러나 소자의 신뢰성 테스트는 시간개념이 포함된 테스트이므로 불량률 또한 시간개념이 포함돼야 한다.

반도체 소자에서 고장률은 일반적으로 FIT(Failure in Time)로써 표현하는데 다음과 같이 정의한다.

$$FIT = \frac{Failure\ 갯수}{Device \cdot Hour} \times 10^9$$

여기에서 Device · Hour는 Device가 측정된 시간을 말한다. 100개의 Device를 1,000시간 동안 측정했다면 100,000 Device · Hour가 되고, Failure 개수가 1개라면 10,000 FIT 라고 한다.

이때 측정값의 오차를 줄이기 위한 샘플링은 중요하며, 측정값이 신뢰도를 갖기 위해서는 측정치에 대한 신뢰구간을 주는 것이 필요하다.

3) 환경 가속 시험

환경 가속 시험은 제품이 사용 중에 노출되는 환경에 대하여 얼마만큼 내성을 가졌는지를 평가하기 위한 환경 신뢰성 시험이다. 다음은 대표적인 신뢰성 시험의 목적 및 시험 방법에 대한 설명을 나타내었다.

① HTOL Test(High Temperature Operating Life Test, 고온 동작 수명 시험)

제품이 가지고 있는 잠재적인 결함을 제거하기 위한 시험이다. 고온 및 고압 조건으로 일반적인 사용조건보다 열악한 환경에서 시험을 함으로써 잠재적인 결함을 제거하고 불량을 유발할 수 있는 제품을 단시간에 가려낼 수 있다. 이때 최적의 시간으로 Burn-in하여 초기 불량을 사전에 제거해 제품의 신뢰성을 높일 수 있다.

② THB Test(Temperature Humidity Bias Test, 온도 습도 전압 시험)
고온 다습한 환경에서 제품을 테스트하여 고온 다습으로 인한 제품의 불량을 제거하기 위함이다. 일반적으로 85℃, 85% 상대습도에서 시험한다.

③ PCT(Pressure Cooker Test, 고온 고습 고압 시험)
습기가 있는 환경에 대한 패키지의 내구성을 평가하기 위한 시험으로 2기압(atm)의 압력하에 121℃, 100% 상대습도에서 시험한다. 이는 패키지 몰딩 구조에서 Lead Frame과 Mold Plastic 사이의 밀봉성을 평가하여 습기의 침투 여부 및 칩 내의 금속 부식 여부를 평가하기 위함이다.

④ TC Test(Temperature Cycle Test, 온도 싸이클 시험)
제품의 갑작스러운 온도변화에 따른 적응 여부를 시험하는 테스트이다. 다양한 반도체 재료들의 열팽창 계수의 차이에 의한 열적 변화를 테스트한다.
150℃ 유지 후 -65℃로 변화시켜 유지하는 것을 1싸이클로 하여 시험한다.

⑤ TS Test(Thermal Shock Test, 열충격 시험)
제품의 갑작스러운 온도변화에 따른 적응 여부를 시험하는 테스트이다,
TC Test 조건과 유사하나 TC Test는 온도를 Air로 조절하는 반면 TS Test는 Liquid로 조절하는 차이가 있다.

⑥ HAST(Highly Accelerated Stress Test, 초가속 스트레스 테스트)
습도 환경에서 패키지 접합부의 습기 침투 여부를 평가하기 위한 시험이다. 시험 조건을 강화해 테스트한다. 130℃, 85% 상대습도, 33.5 psi(2.28atm)에서 테스트한다.

학습문제 제6장 패키지 기술

01 패키지는 웨이퍼 제조공정에서 만들어진 다이 내부의 전기적인 연결을 위한 (ㅍ ㄷ) 와 패키지의 (ㄹ ㄷ ㅍ ㄹ ㅇ) 사이를 (ㄱ)선으로 연결한다.

02 인쇄 회로 기판에 패키지를 실장 하는 방법에 따라 패키지를 구분하여 설명하시오.

03 패키징 공정 순서명을 쓰고 간단히 설명하시오.

순서	영어	설명
① 칩 자동 선별	(Chip Test)	
② ㅎ ㅁ ㅇ ㅁ	(Back Grinding)	
③ ㄷ ㅇ ㅈ ㄷ	(Die Sawing)	
④ ㄷ ㅇ ㅈ ㅊ	(Die Attach)	
⑤ ㄷ ㅅ ㅈ ㅊ	(Wire Bonding)	
⑥ ㅅ ㅎ	(Molding)	
⑦ ㅌ ㄹ 및 ㅍ	(Trim & Form)	
⑧ ㅁ ㅋ	(Marking)	

04 후면 연마 공정을 진행하기 전에 웨이퍼의 패턴이 형성되어 있는 윗면을 물리적, 화학적으로 보호하기 위해 테이프를 붙이는 공정을 무엇이라고 하는가?

05 Wire Bonding과 Flip Chip Bonding을 비교하여 설명하시오.

06 TSV(Through Silicon Via)에 관해 설명하시오.

07 WLP가 무엇인지 설명하시오.

08 (   )는 다이 사이즈가 점점 작아지는데 비해 더 많아지는 I/O 핀을 넣기 위해 사용하는 WLP 방식 중의 하나이며, 이미 형성된 다이의 패드 위치를 임의의 위치로 변경하는 (ㅈ   ㅂ   ㅇ   ) 공정을 이용하는 패키지 방식이다.

09 패키지 테스트 공정은 신뢰성 검사를 위해 (T   D   B   I   ) 공정을 진행하는데, 패키지 상태에서 온도 및 신호 조건에 대해 스트레스를 인가하여 초기 불량을 검출한다.

10 패키지 테스트 장비로서 (ㅎ   ㄷ   ㄹ   ) 장비는 전기적 시험을 마친 반도체 칩들을 주검사 장비인 테스터로 공급해 주고, 그 검사 결과로 양품과 불량품을 등급에 따라 분류하는 자동화 장비이다.

11 IC의 고장률 그래프를 그리고 시간에 따른 고장 현상을 나타내시오.

12 FIT에 대해 설명하시오.

13 (P   C   T   )는 습기가 있는 환경에 대한 패키지의 내구성을 평가하기 위한 시험으로 2기압(atm)의 압력하에 121℃, 100% 상대습도에서 시험한다.

CHAPTER 7

반도체 제조 한눈에 이해하기

1_반도체 설계 및 레이아웃
2_반도체 공정
3_반도체 소자
4_반도체 측정 및 분석
5_반도체 패키지

1 반도체 설계 및 레이아웃

순서	Note
1. 회로 디자인(Circuit Design) 집적회로는 웨이퍼 위에 트랜지스터, 다이오드, 저항, 콘덴서 및 그것을 잇는 배선으로 구성되는 전자회로로서, 이러한 소자들을 이용해 반도체회로를 설계 하는 단계	
2. Floor Plan & Placement 집적회로의 전체적인 Block을 구성하고(Floor Plan) 반도체 소자를 설계 회로에 따라 배치하고 연결하는 (Placement & Routing) 단계	
3. 레이아웃 디자인(Layout Design) 설계된 집적회로를 웨이퍼 위에 구현하기 위해 반도체 소자를 디자인 룰에 의해 배치하고 회로를 구성하는 층(Layer)별로 배선하여 디자인하는 단계	
4. 레이아웃 검증(LVS / DRC) 설계된 집적회로와 작업한 레이아웃이 일치하는지 Layout vs.Schematic(LVS)을 Check하고 공정의 디자인 룰을 만족하는지 Design Rule Check(DRC)하는 단계	
5. Pattern Generation 반도체 패턴을 형성시키기 위한 Mask 제작을 위해 레이아웃한 CAD 데이터를 크롬이 증착된 석영 유리판 위에 패터닝 하는 단계	

2 반도체 공정

순서	Note
6.반도체 웨이퍼 제조 공정 다결정 실리콘으로부터 단결정 실리콘을 형성시켜 반도체 소자를 형성시키기 위한 기판으로 사용 되어지는 웨이퍼(Wafer)를 제조하는 과정	
7. 반도체 사진 공정(Lithography) 레이아웃 되어진 회로를 웨이퍼 상에 구현하기 위해 기판 위에 감광막(Resist)을 도포한 후 마스크를 이용하여 빛을 투과 시켜 감광막에 광 반응을 일으킨 후 현상하여 감광막을 패턴시키는 공정	
8. 반도체 식각 공정(Etch) 마스크를 사용하여 웨이퍼의 특정지역을 패턴 했을 때 마스크에 의해 커버 되지 않은 부분을 Bar 패턴 또는 Contact Hole 패턴으로 선택적 제거하는 공정	
9. 반도체 확산 공정(Diffusion) 반도체 소자를 형성시키기 위해 웨이퍼내에 불순물을 주입 또는 확산시키거나, 산화, 증착 공정 및 각종 열처리 공정 등을 진행하는 공정	
10. 금속 박막 공정 (Thin Film) 전기 신호의 소통을 위한 금속 배선 재료 증착 공정, 배선 층간의 절연을 위한 절연막 공정, 평탄화를 위해 화학적 물리적으로 연마 하는 평탄화(CMP)기술을 다루는 공정	

3 반도체 소자

순서	Note
11. 전기적 디자인 룰(EDR) 설정 제품에 대한 소자의 전기적 특성 및 타겟 값의 설정은 회로 설계 시뮬레이션 및 검증에 필요한 값으로 사용하고, 제조된 소자의 특성을 평가하기 위한 전기적 특성의 타겟 값으로 사용함	
12. 레이아웃 디자인 룰(LDR) 설정 설계된 IC회로를 웨이퍼 위에 배치하고 배선하기 위한 레이아웃 디자인 규칙으로 제조 공정 및 소자 타겟에 맞추어 레이아웃 디자인 룰을 설정함	
13. DRAM의 종합 공정 CPU가 매순간 처리할 정보를 저장하는 메모리로 저장된 데이터를 유지 변경하기 위해 일정한 주기로 정보를 다시 읽고 쓰는 기억 소자인 DRAM (Dynamic Random Access Memory)의 전체적인 종합 공정	
14. SRAM의 종합 공정 Vcc에 의해 Cell Data가 유지되고, 외부 Clock이나 Refresh가 필요 없는 Static Cell구조의 기억 소자인 SRAM (Static Random Access Memory)의 전체적인 종합 공정	
15. 반도체 불량 분석 반도체 종합 공정을 마친 소자의 전기적, 물리적 특성을 각 불량 분석 장비로 평가한 후 불량 현상을 파악하여 분석해 불량 원인을 밝혀내는 과정	

4 반도체 측정 및 분석

순서	Note
16. 웨이퍼 소자 특성 측정 완성된 소자의 동작 특성, 트랜지스터 특성, 면저항, 컨택 저항 등 전기적인 타겟값에 맞게 제조 되었는지 전기적 특성을 측정하여 평가하는 과정	
17. 웨이퍼 공정 특성 측정 각각의 반도체 공정(Litho./Etch/Diff./Thin Film)을 통해 제조되어진 소자의 공정 평가 및 특성을전기적 또는 분석 장비를 이용하여 평가하는 과정	
18. 반도체 설계 특성 측정 완성된 소자가 원하는설계 타겟에 맞게 제조되었는지 전원, 타이밍, 패턴 쓰기 읽기 등 전기적 특성을측정하여 설계된 IC회로가 웨이퍼 상에 정상적으로 구현되었는지 평가하는 과정	
19. 웨이퍼 수율 측정 제조된 웨이퍼는 회로의 기능과 전기적 측정값에 의해 측정되고 수율(Yield)을 평가한다. 결함의 정도 및 공정 능력에 의해 수율은 크게 결정되어진다	
20. 수율 분석 및 평가 측정된 수율에 대해 분석하고 낮은 수율의 원인 및 공정 결함을 평가하여 공정 능력을 향상시키고, 수율 변동율을 체크하여 일정 목표값의 수율을 유지시키기 위한 과정	

5 반도체 패키지

순서	Note
21. Die Sawing & Attach Good Die와 Fail Die를 선별한 후 Scribe Lane을 다이아몬드코팅 날로 자르고, Pick-up and Place 방식으로 패키지 용 Lead Frame에 부착하는 과정	
22. Die Wire Bonding Die의 패드와 Lead간을 금(Au) Wire를 이용하여 상호 연결해 붙임	
23. Die Molding, Trim & Form Wire와 칩을 보호하기 위해 에폭시로 몰딩하고 각 Lead를 Punch로 Cutting하여 전기적으로 분리(Trim) 시킨 후, 원하는 Lead형상을 만들고 각각을 독립(Form)시키는 과정	
24. 신뢰성 테스트 및 시뮬레이션 제품이 가지고있는 잠재적인 소자의 불량을 제거하고 출하제품의 수명을 보장하기 위해 고온 고전압 환경에서 가속 테스트(Burn-In) 을 하는 과정 및 이에 대한 시뮬레이션 과정	
25. 반도체 완성 및 제품 출하 완성되어진 반도체 제품은 패키지 종류에 따라 컴퓨터 부품, 휴대폰 부품 등 디지털 전자 제품에 사용되어지기 위해 출하된다.	

[참고 문헌]

- 곽노열 외 9명, 「반도체 제조기술의 이해」, 한올, 2021
- 김상용 외 1명, 「반도체 CMOS제조기술」, 일진사, 2016
- Michael Quirk 외 1명, 「반도체 소자 공정기술」, 자유아카데미, 2013
- 안기현, 「반도체 산업의 이해」, 비전기획, 2012
- 이종명, 「반도체 기술 핸드북」, 한림원, 2004
- 공진홍 외 3명, 「VLSI설계, 이론과 실습」, 홍릉과학 출판사, 1997
- NCS,「패키지 조립 공정 개발」 학습모듈
- NCS,「반도체 제조 공정 개발」 학습모듈

- 반도체산업협회(https://www.ksia.or.kr/index.php)
- 삼성반도체뉴스룸(https://www.samsungsemiconstory.com/kr/)
- SK하이닉스뉴스룸(https://news.skhynix.co.kr/)
- LG디스플레이뉴스룸(https://news.lgdisplay.com/kr/)
- 구글(https://www.google.co.kr/)
- 네이버(https://www.naver.com/)

저 자 약 력

김도우

- 現, 한국폴리텍대학 반도체융합캠퍼스 반도체설계과 교수(공학박사)
- 주요경력
  SK하이닉스반도체(주) 메모리연구소 선임연구원
  여주대학교 전자과 겸임교수

저자와의
협의에 의해
인지 생략

알기쉬운
반도체 제조공정

2판 4쇄 2026년 1월 20일

저 자	김도우
발행인	송광헌
발행처	**복두(더)**
주 소	서울특별시 영등포구 경인로82길 3-4 센터플러스 807호 (우) 07371
전 화	02-2164-2580
FAX	02-2164-2584
등 록	1993. 11. 22. 제 10-902 호

정가 : 20,000원

ISBN : 979-11-6675-358-9 93560

한국과학기술출판협회 회원사

6